Überzeugend und erfolgreich am Telefon

Das Kompakttraining für zielorientiertes Telefonieren

Andrea Hößl

AF525632

C.H.BECK

So nutzen Sie dieses Buch

Die folgenden Elemente erleichtern Ihnen die Orientierung im Buch:

Beispiele und Übungen
In diesem Buch sind zahlreiche Beispiele und Übungen enthalten, die Ihnen helfen, erfolgreich zu telefonieren.

Definitionen
In diesem Buch finden Sie Definitionen der wichtigsten Fachbegriffe.

Die Merkekästen enthalten wertvolle Tipps und Hinweise.

Auf den Punkt gebracht

Am Ende jedes Kapitels finden Sie eine Zusammenfassung.

Inhalt

Alle tun es und jeder glaubt, es zu können – telefonieren

Auch in Zeiten des digitalen Austausches ist es für uns Menschen immer noch das Natürlichste der Welt, mit anderen Menschen zu sprechen. Für viele gilt der erste Blick dem World Wide Web, aber dennoch laufen mehr als 70 % der geschäftlichen Kommunikation über das Telefon.

Viele Menschen glauben, dass kundenorientiertes, überzeugendes Telefonieren kinderleicht sei. Doch der Umgang mit den unterschiedlichsten Gesprächspartnern wird immer anspruchsvoller und die Herausforderungen werden dabei leider unterschätzt.

In meinen Seminaren und Workshops erfahre ich, dass Mitarbeiter, die an Telefonschulungen teilnehmen (müssen), immer noch belächelt werden. Diese Menschen unterschätzen den Stellenwert und die Bedeutung des Telefons. Dies zeigt uns, dass das Telefonieren größtenteils unbewusst abläuft.

Vergleichen wir das Thema Kommunikation am Telefon mit der Buchhaltung: Keinem Unternehmen würde einfallen, die Buchhaltung von jemandem durchführen zu lassen, der diese nicht gelernt hat. Die Unternehmen sind daher aufgefordert, die Mitarbeiter aufzuklären, dass sie die akustische Visitenkarte des Unternehmens darstellen. Denn wenn die Mitarbeiter nicht motiviert sind, gibt es keine zufriedenen Kunden.

Als akademisch geprüfte Stimm- und Sprechtrainerin nach AAP-Kriterien orientiere ich mich im vorliegenden Buch u. a.

an den Hauptsäulen der AAP®: Körperbewusstsein, Haltung, Atmung, Stimme, Artikulation, Intention.

Ich wünsche mir, mit diesem Buch diejenigen zu bestärken und zu unterstützen, die ihr Bewusstsein erweitern wollen, um ihre Kommunikation achtsam, wertschätzend und wertvoll zu gestalten und ihre Beziehung zu anderen – beruflich und privat – zu vertiefen.

Das Buch ist nicht als Patentrezept für erfolgreiches Telefonieren gedacht, aber es ist ein wesentlicher IMPULS.

Ich wünsche Ihnen viel Spaß beim Lesen und viele Erkenntnisse!

Andrea Hößl

Persönliche Standortbestimmung

Damit Sie dieses Buch und die hilfreichen Anregungen und Tipps optimal für sich nützen können, nehmen Sie sich jetzt Zeit und überdenken Sie Ihren Status quo.

Stellen Sie sich folgende Fragen:

- Welche Einstellung haben Sie dem Telefonieren gegenüber?
- Wie gerne telefonieren Sie in Ihrem Beruf?
- Wie professionell glauben Sie zu telefonieren?
- Wie glauben Sie am Telefon zu wirken?
- Wären Sie zufrieden, wenn Sie mit sich selbst telefonieren würden?
- Worin liegen Ihre besonderen Stärken beim Telefonieren/in der Kommunikation?
- Worin sehen Sie Ihre Schwachstelle beim Telefonieren/in der Kommunikation?
- Welche Einstellung haben Sie Ihren Gesprächspartnern gegenüber?
- Welche Gesprächspartner/Situationen sind für Sie am Telefon anspruchsvoll, heikel oder schwierig?
- Welche Einstellung haben Sie Ihren Gesprächsthemen gegenüber?
- Wie wissen Sie, ob Ihnen ein Telefongespräch gelungen ist, ob Sie erfolgreich waren oder ob es nicht gut gelaufen ist?

- Wie wollen Sie am Telefon wirken/von Ihrem Gesprächspartner wahrgenommen werden?
- Was genau wollen Sie ändern?
- Was sind Sie bereit, für ein überzeugendes, erfolgreiches Telefonat zu tun?

Stellen Sie sich diese Fragen in regelmäßigen Abständen. Bitten Sie Ihre Kollegen/Vorgesetzten um Feedback.

Auf den Punkt gebracht

Alles, was wir heute können, haben wir irgendwann einmal gelernt. Nur wenige haben das Kommunizieren und Telefonieren bewusst und professionell erlernt. Unsere kommunikativen Kompetenzen können wir unser ganzes Leben lang verfeinern.

Der erste Eindruck am Telefon

„You never get a second chance to make a first impression!"

(Harlan Hogan)

Fachliche Kompetenz allein reicht heute nicht mehr aus, um erfolgreich zu sein. Es gilt vielmehr, auch die eigene Person und Persönlichkeit ins rechte Licht zu rücken.

Die Mitarbeiter am Telefon sind in der Regel die ersten, die mit Interessenten und Kunden in Kontakt kommen. Daher ist das Verhalten der Mitarbeiter am Telefon die Visitenkarte eines Unternehmens.

Bei einer ersten persönlichen Begegnung steht das äußere Erscheinungsbild im Vordergrund. Nonverbale Signale, wie Aussehen, Kleidung, Auftreten, Haltung, Gestik und Mimik, Stimmlage, Klangfarbe, Melodie, Sprechgeschwindigkeit, Lautstärke, Betonung und Modulation, spielen eine wesentliche Rolle.

Der viel zitierte erste Eindruck entsteht hauptsächlich zwischen sagenhaften 150 Millisekunden und 90 Sekunden. Innerhalb dieses kurzen Moments geht es vorläufig um die Kategorie „Sympathie/Antipathie". Schaffen wir es, in den Augen oder Ohren des Betrachters sympathisch zu wirken, dann tritt der nächste Prozess in Gang.

Neurophysiologen haben herausgefunden, dass zu Beginn einer jeden Begegnung und eines jeden Gesprächs auch die Glaubwürdigkeit des Partners eingeschätzt wird. Wenn der Gesprächspartner in den ersten Sekunden einen positiven

Eindruck von Ihnen bekommt, wird er aller Wahrscheinlichkeit nach daraus schließen, dass alles, was Sie und Ihr Unternehmen tun, positiv ist.

Untersuchungen haben außerdem gezeigt, dass ein Gesprächspartner innerhalb von zehn Sekunden beginnt, die Fachkompetenz, den Charakter und die Intelligenz des anderen zu beurteilen. Dies geschieht in der Regel völlig unbewusst.

Bei der Kommunikation am Telefon handelt es sich um eine „eingeschränkte", „reduzierte" Form der Kommunikation. Durch den fehlenden Blickkontakt reduziert sich die Präsentation des Unternehmens am Telefon auf die Stimmkomponente und das persönliche Verhalten einzelner Mitarbeiter. Jedes Abheben des Telefonhörers bedeutet damit das Überreichen einer *akustischen* Visitenkarte. Dieses Abheben sollte wohlüberlegt sein. Sie wollen dem Anrufer doch bestimmt das Gefühl geben, sein Anruf und sein Anliegen seien willkommen.

Übung: Wie schätzen Sie Ihr eigenes Verhalten ein?

- *Wie, glauben Sie, wirkt Ihre Stimme auf andere?*
- *Ist Ihr Gesprächsverhalten positiv und kundenorientiert?*
- *Wie, glauben Sie, verhalten Sie sich in Stresssituationen?*

Auf den Punkt gebracht

Fast immer ist es der erste Eindruck, der über Erfolg oder Misserfolg entscheidet. Binnen weniger Sekunden entscheiden die meisten Menschen, ob der andere sympathisch und kompetent ist, ob man ihn glaubwürdig findet oder nicht, ob somit Interesse am anderen bzw. am Kontakt mit ihm besteht oder nicht.

Spätestens jetzt wissen wir, warum es doch noch einiges dazuzulernen gibt.

Erfolgsfaktor 1: Die innere Haltung

Nach dem Gesetz der Anziehung findet Gleiches zu Gleichem.

Es besteht ein unmittelbarer Zusammenhang zwischen Ihrer inneren Haltung, Ihrer Einstellung (Ihrem Telefonat und Ihrem Gesprächspartner gegenüber) und Ihrem Erfolg am Telefon. Ihr Verhalten am Telefon ist das äußere Ergebnis Ihres inneren Zustandes.

Übung: Wahrnehmung

- *Nehmen Sie sich ein paar Minuten Zeit und versuchen Sie, zur Ruhe zu kommen.*
- *Setzen Sie sich bequem hin. Schließen Sie die Augen, nehmen Sie ein paar tiefe Atemzüge und konzentrieren Sie sich ganz auf sich selbst.*
- *Prüfen Sie Ihre momentane Laune: Sind Sie gereizt, nervös, unsicher, … oder so gut gelaunt, dass Sie andere mit Ihrer guten Laune anstecken können?*
- *Prüfen Sie Ihre momentane Konstitution: Sind Sie ausgeschlafen, gesund, … oder müde, hungrig, erkältet?*
- *Wie ist Ihre Gesamtsituation? Sind Sie glücklich, ausgeglichen, zufrieden, … oder unzufrieden und unglücklich?*

Persönliche Grundeinstellung

„Nicht die Dinge sind so, positiv oder negativ, sondern unsere Einstellung macht sie so."

(Epiktet)

Nur wenige Menschen sind sich der Zusammenhänge rund um die Kraft der Gedanken bewusst. Durch nichts wird die innere Stabilität eines Menschen mehr beeinflusst als durch sein Denken. Es sind nicht die Ereignisse, die uns aus der Fassung bringen, sondern wie wir über diese Ereignisse denken.

Im Spitzensport wird heute allgemein anerkannt, dass die Einstellung zur persönlichen Leistungsfähigkeit einen ganz entscheidenden Einfluss auf sportliche Erfolge hat. In diesem Zusammenhang wird von der „mentalen Stärke" eines Sportlers gesprochen.

Übung: Wünsche am Telefon

- *Wie sieht der ideale Gesprächspartner aus Ihrer Sicht aus? Notieren Sie Ihre Wünsche.*
- *Schlüpfen Sie in die Rolle des anderen: Wie sieht der ideale Gesprächspartner aus Sicht des Interessenten/Kunden aus? Notieren Sie auch hier die Wünsche.*
- *Vergleichen Sie die Wünsche aus beiden unterschiedlichen Perspektiven.*

Sie werden erkennen, dass sich der Interessent/Kunde nichts anderes wünscht als Sie selbst.

Das, was Sie sich wünschen, sollten Sie in Zukunft als Erster ins Gespräch einbringen!

Prüfen Sie Ihre innere Haltung und Ihre Einstellung vor jedem Telefonat: Wie ist Ihre Einstellung Ihrem Gesprächspartner, dem Gespräch, dem Inhalt gegenüber?

Eine bewusste, positive Veränderung der eigenen Einstellung bewirkt in der Folge eine überzeugende Übereinstimmung von Stimme und Sprache.

Gedanken und Überzeugungen

Laut Arthur Schopenhauer sind wir „das Produkt unserer Gedanken". Denn das, womit wir uns gedanklich beschäftigen, wird von uns angezogen. Der Mensch kreiert sich somit seine persönliche Welt selbst, er erschafft sich seine Wirklichkeit in Form seiner Erfahrungen und Erlebnisse. Die Materie folgt dem Geist und nicht umgekehrt. Gedanken sind machtvolle Energie, mit der wir uns unsere persönliche Welt in jedem Augenblick neu erschaffen.

Die Geschichte vom Echo des Lebens

Ein Mann geht mit seinem Sohn im Wald spazieren. Plötzlich stolpert der Sohn und fühlt einen scharfen Schmerz. Er schreit: „Ahhhh!" Voll Überraschung hört er eine Stimme aus den Bergen: „Ahhhh!" Aus lauter Neugier ruft er: „Wer bist du?", aber die einzige Antwort, die er erhält, ist: „Wer bist du?" Das macht ihn wütend und er schreit: „Du bist ein Feigling!" Und die Stimme antwortet ihm: „Du bist ein Feigling!"

Er schaut seinen Vater fragend an: „Was soll das?" Der Vater antwortet: „Sohn, pass auf" und ruft: „Du bist wunderbar!" und die Stimme antwortet: „Du bist wunderbar!" Der Sohn ist überrascht, aber er versteht immer noch

> *nicht, was hier vorgeht. Da erklärt ihm der Vater: „Die Leute nennen das Echo, aber in Wirklichkeit ist es das Leben. Das Leben gibt dir immer das zurück, was du zuvor gegeben hast. Dein Leben ist der Spiegel deiner Taten."*

Wenn Sie mehr Freundlichkeit wollen, müssen Sie mehr Freundlichkeit schenken. Wenn Sie Verständnis und Respekt möchten, zeigen auch Sie Verständnis und Respekt.

Die beste Voraussetzung dafür nette, freundliche, angenehme Gesprächspartner zu finden, besteht darin, selbst ein solcher zu sein.

- Ein Gedanke ist Schwingung und Energiepotenzial. Jeder Gedanke, den wir denken, verleiht einer Sache, auf die wir uns konzentrieren, Energie.
- Wir haben die Freiheit zu denken, was wir wollen. Es liegt ganz allein an uns selbst, ob wir unsere Gedanken und Energien auf unsere Schwächen, auf Ärger etc. oder aber auf unsere Stärken, auf Wertschätzung, Respekt, Achtung etc. konzentrieren.
- Die Welt ist, wofür wir sie halten. Denken Sie an die sich selbst erfüllenden Prophezeiungen. Gedanken sind sehr mächtig und haben die Tendenz, sich zu verwirklichen. Die Welt ist ein Spiegel für uns. Wir sehen darin immer uns selbst. Wir sehen Aggression, wenn wir aggressiv sind. Wir begegnen freundlichen Menschen, wenn wir freundlich gestimmt sind.
- Wir besitzen die Fähigkeit, das eigene Denken und damit die eigene Einstellung und die eigenen Erwartungen zu steuern. Dies führt von Problemfokussierung zu Chancennutzung und von Fremdbestimmung zu Selbstbestimmung.

Auf uns strömt ständig vieles ein, beruflich und privat. Zu schnell, um alles erfassen zu können. Deshalb „filtern" wir, was wir wahrnehmen wollen bzw. was wir überhören. Unsere Vorstellungen steuern unsere körperlichen Reaktionen. Unsere Vorstellungen steuern unser Verhalten. Wir alle haben ganz bestimmte innere Überzeugungen. Diese bestimmen unsere innere Wirklichkeit.

Ich höre immer wieder von vielen Mitarbeitern: „Das geht nicht!", „Das kann ich nicht!", obwohl sie es noch nie versucht haben. Das Wort „nicht" ist eine Hemmschwelle, die es zu überwinden gilt. Ängstliche Vorstellungen machen befangen und wirken destabilisierend.

Konzentrieren Sie sich in Zukunft auf das, was Sie können, und grübeln Sie nicht darüber nach, welche negativen Dinge passieren könnten.

Alles ist möglich, wenn wir es erdenken können und davon überzeugt sind. Wenn wir uns etwas nicht zugestehen, funktioniert es nicht. Nicht, weil es nicht möglich wäre, sondern weil wir nicht glauben, dass es uns möglich ist.

Unsere Überzeugungen öffnen Türen oder behindern und blockieren uns.

Übung: Machen Sie sich Ihre Gedanken im Rahmen eines Telefongesprächs bewusst

- *Welche Gedanken beschäftigen Sie?*
- *Welche Gedankengänge engen Sie ein?*
- *Welche Überzeugungen stärken Sie, wenn Sie ans Telefonieren, an Ihre Gesprächspartner etc. denken?*
- *Was brauchen Sie noch, um positiver zu denken?*

Ihre Einstellung zum Gesprächspartner und zum Gesprächsinhalt beeinflusst Ihre Gespräche.

Auf den Punkt gebracht

Ob es uns nun passt oder nicht: Wir sind verantwortlich für das, was wir denken. Was wir wahrnehmen und wie wir wahrnehmen, ist davon abhängig, worauf wir unsere Aufmerksamkeit richten.

Denken wir positiv, bauen wir Energie auf und ziehen positive Umstände an. Denken wir negativ, bauen wir Energie ab und ziehen negative Umstände und Ereignisse in unser Leben.

Werte – unsere Motivatoren

Werte sind das, was uns im Leben wichtig ist. Das, wofür wir einstehen. Das, was wir unbedingt brauchen – beruflich und privat, um zufrieden und glücklich zu sein.

In der Kindheit vermittelte Werte prägen uns ein Leben lang. Erziehung und Umwelt erzeugen schon von klein auf eine bestimmte Grundeinstellung, die bestimmt, was wir im Leben schätzen und als wichtig empfinden. Besonders die Eltern haben großen Einfluss auf das zukünftige Werteempfinden von uns.

Wollen Sie erreichen, dass die Kommunikation mit Ihren Gesprächspartnern gut funktioniert, dass Ihnen andere wirklich zuhören und in Ihrem Sinne agieren, dann ist es wichtig, dass Sie Ihren Beitrag so respektvoll wie nur möglich gestalten und Ihren Gesprächspartnern mit Wertschätzung begegnen.

Werte bestimmen unser Leben

Es gibt verschiedene Werte – Liebe, Freiheit, Sicherheit, Spaß, Erfolg, Gesundheit, Respekt. Werte wollen gelebt werden. Sie geben unserem Leben Sinn, sind die Grundlage unserer Lebensgestaltung und machen den Charakter einer Person aus, der sich durch die ständige Entwicklung der eigenen Persönlichkeit bildet.

Unsere inneren Werte sind die Beweggründe, warum wir etwas tun oder unterlassen. Sie sind die Kraft, die uns antreibt. Sie bestimmen den Rahmen, in dem wir leben und uns bewegen. Unsere Lebensqualität und unsere inneren Werte stehen in engem Zusammenhang. Macht unsere Arbeit oder Tätigkeit für uns einen bestimmten Sinn, wirkt sie motivierend und macht uns zufrieden, glücklich und gesund?

Werte haben Macht. Daher ist es wichtig zu wissen, wie und wo wir sie einsetzen können. Sei es, um Manipulationen abzuwehren oder bewusst das eigene Wertesystem aufzubauen. Werte fordern von uns, dass wir uns entscheiden. Wenn wir nach diesem System leben, sind wir unabhängiger und zufriedener.

Übung: Ihre Werte

- *Was ist Ihnen in der Kommunikation am Telefon besonders wichtig?*
- *Was schätzen Sie an Ihrer Arbeit besonders?*
- *Was ist Ihnen in Ihrem Leben wichtig?*

Stärken zeigen – Schwachstellen erkennen

„If you believe you can do it or if you believe you can't, you are right."

(Henry Ford)

Traditionell sind wir dazu erzogen, unsere Stärken nicht anzuerkennen. Viele von uns neigen zu Vergleichen mit anderen, die besser sind, mehr erreicht haben etc. Denken Sie daran, dass Vergleiche in dieser Richtung für unseren Selbstwert keineswegs förderlich sind.

Übung: Ihre Stärken und Schwächen

- *Was sind Ihre Stärken in der Kommunikation am Telefon?*
- *Was sind Ihre Schwachstellen beim Telefonieren?*
- *Nennen Sie drei Gründe, warum Sie die beste Wahl für Ihren Arbeitsplatz sind.*

Der Hauptfokus sollte auf die Stärken gerichtet sein und darauf, sie bewusst einzusetzen. Es gilt aber auch, die eigenen Schwachstellen zu erkennen und daran zu arbeiten. Wir können uns nur selbst ändern! Anstatt andere zu kritisieren, sollten wir uns selbst beobachten und die Verantwortung für unser eigenes Tun und Handeln übernehmen. Was bringt es uns, über unsere Gesprächspartner zu schimpfen und negativ über sie zu sprechen?

Resilienz – persönliche Belastbarkeit

Der Begriff „Resilienz" bedeutet so viel wie Belastbarkeit und bezieht sich auf die Fähigkeit, sich von Schwierigkeiten zu erholen und sich zu regenerieren.

Eine erhöhte Widerstandsfähigkeit hilft, die unvermeidlichen Herausforderungen des Lebens besser bewältigen zu können. Leider werden wir am Telefon und im Leben nicht nur mit angenehmen Situationen konfrontiert.

Nach Raffael Kalisch lässt sich Resilienz lernen. Resilient sind nicht die, die sich nicht berühren lassen, sondern diejenigen, denen es gelingt auch in schwierigen Situationen noch etwas Positives zu finden. Solche Menschen machen sich wenige Illusionen, sie neigen eher dazu einen positiven Verlauf der Dinge anzunehmen und glauben daran, dass sie selbst etwas bewirken können. Kalisch´s vorläufiges Ergebnis: Resilienz ist kein Schicksal.

Ob ein Ereignis als positiv oder belastend empfunden wird, hängt stark von der eigenen Bewertung dieser Situation ab. Sind wir einer Aufgabe gegenüber positiv eingestellt, fällt es uns leichter, sie zu erfüllen, als wenn wir negativ gestimmt sind.

Die Belastbarkeit ist u. a. abhängig von:

- Gesundheit
- Ernährung
- Emotionen
- Gedanken
- Personen, Umfeld
- Einstellung

- Lärm
- Umgebung
- Ängsten, Sorgen

Übung: Schätzen Sie sich selbst ein

- *Wie belastbar sind Sie?*
- *Wie bewerten Sie aus Ihrer Sicht einzelne Themen?*
- *Wie aufgeschlossen sind Sie Veränderungen gegenüber?*
- *Wenn Sie sich die Liste oben ansehen: Was können Sie ändern?*
- *Was können Sie derzeit nicht ändern und wie gehen Sie damit um?*

Erfolgsfaktor 2: Körperbewusstsein – Die äußere Haltung

„Das Sinnvollste, was wir tun können, um in unserem Körper anzukommen, mit und in ihm zu leben, ist, dass wir probier-, reagier- und veränderungsfreudiger werden."

(Norbert Klingenberg)

Auf die Sprache mit Worten wird in der Regel – sowohl im Alltag als auch im Arbeitsleben – mehr Wert gelegt als auf die Körpersprache. Doch die Körpersprache verrät die innersten Gedanken und Empfindungen – der Körper kann nicht lügen. Unsere Körperhaltung ändert sich im Lauf des Tages immer wieder – und das unbewusst. Sie spiegelt dabei unsere innere Verfassung wider.

Wollen Sie die Körpersprache für sich und für ein erfolgreiches Telefongespräch nutzen, ist es zunächst wichtig, richtig zu stehen bzw. zu sitzen. Sobald wir zu sprechen beginnen, fangen die Muskeln unseres Stimmapparats zu arbeiten an und schon geringe Verspannungen beeinflussen unser Sprechen.

Um etwas genauer zu erkunden, welche Auswirkungen die Körperhaltung auf unser Sprechen und Wahrgenommenwerden hat, probieren Sie folgende Übung aus:

Übung: Was unser Körper verrät

Stellen Sie sich aufrecht hin. Spüren Sie, wie Ihre Füße fest auf dem Boden stehen.

Lassen Sie den Kopf fallen, lassen Sie dann die Arme und Schultern nach vorne und unten hängen. Spüren Sie nach, wie es Ihnen im Moment geht. Diese Haltung engt ein, das Atmen wird schwieriger. Spüren Sie die Schwerkraft, die Sie nach unten zieht? Gehen Sie nun in dieser gekrümmten Haltung durch den Raum. Sie sehen nur den engen Raum um Ihre Füße. Vielleicht verfinstert sich Ihr Gesicht und Ihre Stimmung verdüstert sich. Und jetzt sagen Sie: „Mir geht es super!" Wie klingt das für Sie? Nicht besonders überzeugend, oder? Das liegt ganz einfach daran, dass Ihr Körper gerade etwas ganz anderes ausdrückt als der ausgesprochene Satz erfordern würde.

Schütteln Sie sich nun gut aus und richten Sie sich langsam auf. Atmen Sie tief durch. Ihr Blick ist geradeaus nach vorne gerichtet, Ihre Schultern sind breit. Setzen Sie Ihr schönstes Lächeln auf und sagen Sie: „Mir geht es super!" Wie klingt das jetzt für Sie? Schon besser, oder? Der Grund ist: Nonverbaler und verbaler Ausdruck sind jetzt kongruent.

Wenn das, was Sie sagen, mit Ihrer Körperhaltung übereinstimmt, merkt das Ihr Gesprächspartner am Telefon. Ihre Glaubwürdigkeit steigt!

Auf den Punkt gebracht

Eine wichtige Voraussetzung für erfolgreiches Telefonieren ist die „körperliche Selbstwahrnehmung". Wir treten dabei in Kontakt mit uns und unserem Körper. Je gesünder und wohler wir uns fühlen, umso besser kommunizieren und telefonieren wir. Unser Ziel sollte sein, unseren Körper wieder zu schätzen und ihm seinen (Stellen-)Wert zu geben!

Körperspannung – Tonus

„Jeder Haltungsverfall hat naturgemäß einen Stimm(ungs)verfall zur Folge."

(Herbert Saxinger)

Betrachten wir den Körper als unser Instrument zum Sprechen, sollten wir in Zukunft darauf achten, dieses Instrument bewusst und in optimaler Weise einzustimmen. Ein gut gestimmtes Körperinstrument ist die Basis für das Zusammenspiel von Atmung, Stimme und Artikulation. Ganz wichtig dabei ist der Tonus.

Tonus

Unter „Tonus" wird der Spannungszustand der Muskulatur verstanden.

Eutonie

„Eutonie" ist die mittlere, harmonische, elastische Spannkraft unserer Muskeln. Eutonie kommt aus dem Griechischen und bedeutet Wohlspannung: eu = wohl, recht, harmonisch, Tonus = Spannung. Sind wir gespannt und aufmerksam, ohne uns zu verkrampfen, dann sind wir im Eutonus. Die innere Haltung ist dabei die Grundlage für die äußere Haltung.

Eine Störung im Gefüge unseres Skeletts ist nie auf einen Bereich isolierbar, sondern wirkt sich immer auf die Gesamthaltung aus. Beispielsweise beeinflussen durchgedrückte Knie die Beckenstellung. Skelettstatik, Atemspannung und der Tonus der Muskulatur bilden eine funktionale Einheit. Muskulöse Verspannung oder Erschlaffung beeinflussen Haltung, Beweglichkeit, Gesichtsausdruck und Atmung. Muskulöse Spannkraft bringt Elastizität und Reaktionsfähigkeit.

Je mehr Körperbewusstsein Sie haben, desto eindeutiger nehmen Sie wahr, ob es in Ihrem Körper eine Über- oder Unterspannung gibt. Sie können aufgrund Ihrer Haltung Rückschlüsse ziehen, wie es mit Ihrer inneren Einstellung/ Haltung aussieht, Sie nehmen Ihre Stimme bewusst wahr, den Klang, das Tempo, die Lautstärke, Ihre Art und Weise zu sprechen etc.

Durch dieses Bewusstsein können Sie Änderungen vornehmen, um einerseits ganz bei sich und andererseits gleichzeitig bei Ihrem Gesprächspartner zu sein.

Für eine gut klingende Stimme sollte die muskuläre Spannung nicht zu hoch und auch nicht zu niedrig sein. Bei zu wenig Spannung fehlt der „Drive" in der Stimme. Wenn zu viel Spannung in Ihrer Stimme ist, ist die Wahrscheinlichkeit hoch, dass sich Ihr Gesprächspartner von Ihrer „scharfen" Stimme überfahren fühlt.

Nehmen Sie mithilfe der folgenden Übung Ihre Körperspannung – vor der Übung und nach der Übung – bewusst wahr. Streben Sie eine „Wohlspannung" an.

Übung: Aufrichten nach Ulrike Pramendorfer

Stehen Sie aufrecht, die Beine etwa hüftbreit auseinander. Wie fühlen Sie sich in Ihrem Körper? Spüren Sie in sich hinein.

Heben Sie die beiden großen Zehen an und senken Sie diese wieder in Ihrem Atemrhythmus.

Denken Sie sich nun ein Dreieck an Ihren Fußsohlen. Ein Punkt ist in der Fersenmitte, jeweils ein Punkt am großen und am kleinen Zehenballen. Färben Sie dieses Dreieck in Gedanken mit Ihrer Lieblingsfarbe. Verbinden Sie die sechs Punkte an Ihren Fußsohlen durch eine gedachte liegende Acht, die ihren Mittelpunkt zwischen Ihren beiden Füßen hat.

Nun beginnen Sie von der Mitte ausgehend, Ihr Gewicht zu verlagern: Rechter großer Zehenballen, rechter kleiner Zehenballen, rechter Fersenpunkt, Mittelpunkt der liegenden Acht, linker großer Zehenballen, linker kleiner Zehenballen, linker Fersenmittelpunkt und zum Mittelpunkt zurück. Schwingen Sie ein paar Mal nach der einen und dann nach der anderen Seite.

Die Rolle der Füße beim Telefonieren

„Wer mit den Füßen fest auf der Erde steht, kann mit dem Scheitel den Himmel berühren."

(Hans Kusus)

Wer denkt beim Telefonieren schon an „Fuß- und Beinarbeit"? Sie werden am Telefon ohnehin nicht gesehen, und wer schaut im Alltag schon unter Ihren Schreibtisch? Weit entfernt vom Gehirn können die Füße in der Regel nicht so gesteuert oder kontrolliert werden wie unser Blickkontakt und unser Lächeln.

Was machen Sie mit Ihren Füßen während eines Telefonats?

- Ihre Füße/Beine sind überkreuzt oder übereinandergeschlagen. Vielleicht berühren nur Ihre Zehenspitzen den Boden.
- Ihre Beine sind nach vorne ausgestreckt und überkreuzt.
- Sie wippen und schaukeln mit Ihren Füßen/Beinen.

Oder aber:

- Ihre Füße stehen parallel zueinander auf dem Boden in einem rechten Winkel zu den Unterschenkeln.

Die letzte Möglichkeit ist die ideale Position der Füße während des Telefonierens. Die Füße und Sie selbst sind über die gesamte Fußsohle mit dem Boden/der Erde verbunden. Sie befinden sich in der sogenannten „Wohlspannung". Wir sprechen hier von guter Erdung bzw. vom „Geerdetsein".

Die Aufrichtung des Körpers beginnt mit den Füßen. Bedenken Sie, dass für einen ruhigen, aufrechten Stand das Zusammenspiel von ca. 300 Muskeln zuständig ist.

Mithilfe der nachstehenden Übungen schenken Sie Ihren Füßen mehr Aufmerksamkeit und nehmen somit Spannung aus dem gesamten Körper.

Übung: Aufmerksamkeit für die Füße

Legen Sie im Sitzen einen Fuß auf dem Oberschenkel des anderen Beines ab. Rollen Sie einen Noppenball von der Ferse zu den Zehen. Haben Sie keinen Ball zur Verfügung, schließen Sie Ihre Hand zu einer Faust und streichen Sie zart über die Fußsohle. Im Anschluss wechseln Sie den Fuß.

Sie können genauso Ihren Fuß am Boden über einen Noppenball rollen.

Übung: Füße massieren nach Eric Franklin

Massieren Sie einmal am Tag Ihre Füße, damit sie beweglich bleiben. Am Morgen bereiten Sie Ihre Füße auf einen beschwingten Tag vor, am Abend massieren Sie Spannungen heraus.

Atmen Sie während der Massage ruhig und entspannt.

Lassen Sie Ihre Schultern ganz locker.

Ziehen Sie die Zehen kreisend in die Länge. Beugen und strecken Sie die Zehen mit dem Gefühl, dass nicht nur die vordersten Zehengelenke, sondern auch die hintersten daran beteiligt sind.

Versuchen Sie, die Muskeln zwischen den Fußknochen zu lösen. Stellen Sie sich vor, dass diese Muskeln luftig und weich werden. Halten Sie den Fuß mit beiden Händen und versuchen Sie, die langen Knochen des Mittelfußes so gegeneinander zu bewegen, als würden Sie ein Stück Brot teilen.

Kneten Sie die Fersen und reiben Sie mit den Fingern kreisförmig um beide Knöchel herum. Für das Beugen und Strecken des Fußes ist die Beweglichkeit des Knöchels enorm wichtig.

Die Fußsohle hat sehr viele Bänder und Muskelschichten. Reiben Sie die Fußsohle so, dass diese weich und geschmeidig wird.

Bevor Sie den anderen Fuß massieren, stehen Sie auf und vergleichen Sie das Gefühl in beiden Füßen: Wie fühlt sich der massierte Fuß im Vergleich zum nicht behandelten an? Wie fühlt sich Ihre Körperhälfte auf der Seite des massierten Fußes an? Wie fühlen sich Hüfte, Rücken und Schultern an?

Übung: Rollen mit dem Ball nach Ulli Wurpes

Rollen Sie mit dem ganzen Fuß über einen Ball mit ca. 8 cm Durchmesser und nehmen Sie bewusst Kontakt mit ihm auf. Dann stellen Sie sich den Ball als Teigkugel vor, kneten und formen diese, sodass der Fuß weich und beweglich wird. Rollen Sie den Ball auch über die Außen- und Innenkanten Ihres Fußes. Wechseln Sie die Seite.

Diese Übung lässt sich auch gut unter dem Schreibtisch durchführen.

Schenken Sie Ihren Füßen in Zukunft mehr Aufmerksamkeit! Tun Sie ihnen etwas Gutes!

Ideale Körperhaltung beim Telefonieren im Sitzen

„Ein lebendiger Körper ist sichtbar in Bewegung. Ein lebendiger Körper bewegt."

(Dietrich Pechtl)

Für die ideale Haltung beim Telefonieren im Sitzen ist es wichtig, dass Sie wissen, wo sich Ihre Sitzbeinhöcker befinden:

Übung: Entdecken Sie Ihre Sitzbeinhöcker

Die Sitzbeinhöcker befinden sich zuunterst am Becken. Legen Sie Ihre Hände unter Ihren Po. Dort spüren Sie die beiden Knochen als unangenehmen Druck auf Ihren Fingern. Nehmen Sie die Hände wieder weg und spüren Sie, ob Ihr Körpergewicht gleichmäßig auf beiden Sitzbeinhöckern verteilt ist. Jetzt drücken Sie den rechten Sitzbeinhöcker stärker in die Sitzfläche Ihres Stuhls als den linken. Dann drücken Sie den linken Sitzbeinhöcker in die Sitzfläche. Welchen Sitzbeinhöcker können Sie leichter nach unten drücken?

Jetzt können Sie die ideale Körperhaltung üben:

Übung: Die ideale Körperhaltung

Setzen Sie sich ganz bewusst auf die Sitzbeinhöcker und stellen Sie beide Füße fest auf den Boden. Wirbelsäule und Becken bilden einen rechten Winkel. Oder: Die Wirbelsäule ist leicht nach vorne gebeugt.

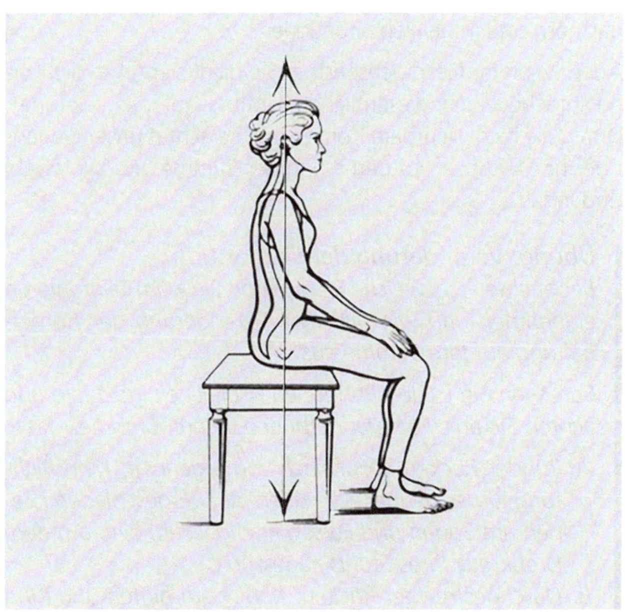

Eine bewusst aufgerichtete Haltung – die sog. körperliche Bereitschaftshaltung oder Basiskörperhaltung – schafft geistige Bereitschaft zur Kommunikation.

Eine schlaffe Körperhaltung vermittelt Desinteresse, Unsicherheit, Angst und die Bereitschaft, schnell nachzugeben. Eine aufrechte Körperhaltung ist nicht nur hilfreich für eine gute Atmung, sondern signalisiert Ihrem Gesprächspartner auch Ihre innere Sicherheit.

Die richtige Körperhaltung mag nicht immer die bequemste Haltung sein. Doch sie gibt uns Sicherheit zum Beispiel in herausfordernden Augenblicken mit „reizenden" Gesprächspartnern und in heiklen Situationen.

Auch wenn Ihr Gesprächspartner Sie nicht sieht, hat die Körpersprache einen wesentlichen Einfluss auf das Telefonat. Durch die nicht sichtbare Körpersprache achtet unser Gegenüber noch stärker auf den Klang der Stimme, auf Wortwahl und Inhalt.

Übung: Veränderung der Sitzposition

Beobachten Sie, welche Sitzposition Sie beim Telefonieren einnehmen und wie sich eine Veränderung der Körperhaltung auf Ihre Stimme auswirkt.

Sprechen Sie in den Positionen A bis D einige Sätze und achten Sie auf die Veränderungen in Ihrer Stimme.

A: Runder Rücken, Kopf nach vorne geneigt, Kinn Richtung Brust, Beine evtl. übereinandergeschlagen, Zehen am Boden und Fersen hochgestellt, evtl. auf dem Drehkreuz Ihres Stuhls abgestützt.

B: Durchgestreckter Rücken, Kopf nach hinten und Kinn nach oben, Beine ausgestreckt, Beine bzw. Füße gekreuzt.

C: Rutschen Sie auf das vordere Drittel Ihres Stuhls; richten Sie Ihren Oberkörper auf und schauen Sie geradeaus, beide Fußsohlen am Boden.

D: Nehmen Sie Ihre eigene, von Ihnen bevorzugte Haltung beim Telefonieren ein.
- *Was ist Ihnen aufgefallen?*
- *Welche Position ist Ihnen am angenehmsten bzw. unangenehmsten?*

Eine Veränderung, die Sie sehr wahrscheinlich erlebt haben, ist die unterschiedliche Qualität Ihres Atems.

Übung: Königliche Sitzposition

Nehmen Sie die Basiskörperhaltung ein. Stellen Sie sich vor, Sie sind ein König. Sie sitzen auf Ihrem Thron, ohne die Lehne zu berühren. Rücken und Oberschenkel bilden einen rechten Winkel. Die Knie sind Scheinwerfer nach vorne. Oberschenkel und Unterschenkel sowie Unterschenkel und Füße sind im rechten Winkel. Ihre großen Zehen berühren ohne Druck den Boden. Denken Sie an Ihre Krone, machen Sie sich groß, heben Sie Ihren Kopf leicht nach oben, das Kinn ist über dem Schultergürtel. Diese Haltung ist die Voraussetzung für besten Atemfluss und optimalen Atemrhythmus.

Durch den größeren Resonanzraum wird Ihre Stimme voller und etwas tiefer. Sie wirken dadurch ruhiger, entspannter und ausdrucksvoller. Ihr Gesprächspartner hört Ihnen so bestimmt gerne zu.

Aber denken Sie daran, dass „statisches Sitzen" über einen längeren Zeitraum Wirbelsäule, Beine, Füße und den gesamten Organismus belastet. Daher ist es empfehlenswert, immer wieder die Sitzposition zu verändern. Wir sprechen hier vom „dynamischen Sitzen". Sie können aufrecht sitzen, dann wieder zurückgelehnt. Halten Sie Ihren Oberkörper dabei bewusst gerade. Lebendigkeit in der Körperhaltung ist gefragt, auch beim Telefonieren.

Die Vorteile des dynamischen Sitzens sind:

- Ausreichende Durchblutung, Be- und Entlastung der Muskulatur und der Bandscheiben.
- Die Nährstoffversorgung der Bandscheiben wird gefördert.
- Fehlbelastungen und Verspannungen wird vorgebeugt.

Achten Sie darauf, dass Sie Ihren Sitzarbeitsplatz zwischendurch immer wieder kurzzeitig verlassen. Strecken Sie sich, gehen Sie ein paar Schritte, bewegen Sie Ihre Beine bewusst.

Auf den Punkt gebracht

Ihre Körperhaltung beeinflusst Ihre Stimme – auch und gerade beim Telefonieren. Trainieren Sie Ihr Körperbewusstsein, tun Sie Ihrem Körper etwas Gutes. Überprüfen Sie immer wieder Ihre Sitzhaltung beim Telefonieren.

Erfolgsfaktor 3: Die Stimme

Die Atmung als Grundvoraussetzung

„So, wie ich atme, so bin ich.
So, wie ich lebe, so atme ich."
(Barbara Erschen)

Die Atmung ist die wichtigste biologische Grundfunktion. Der Mensch kann längere Zeit ohne Wasser- und Nahrungsaufnahme und ohne Schlaf sein, aber ohne Sauerstoff stirbt das Gehirn innerhalb weniger Minuten. Unser Leben beginnt mit dem ersten und endet mit dem letzten Atemzug.

Im Altertum, beispielsweise bei Ägyptern, Griechen und den östlichen Kulturvölkern galt der Atem als eine Verbindung zum Göttlichen und als Träger der Lebenskraft.

Unser Atem ist ein starker Verbündeter, wenn es darum geht, einen passenden Rhythmus von Aktivität und Ruhe zu finden. Das Atemzentrum im Gehirn steuert die Atmung reflektorisch. Trotzdem kann die Atmung von äußeren Faktoren beeinträchtigt werden. Sie reagiert sehr sensibel auf alle Einflüsse von innen und außen.

Unangenehme Situationen am Telefon können zu Stressatmung führen: Stress, Ärger und Zeitdruck blockieren den freien Fluss des Atems. Sie erhöhen die Atemfrequenz. Bei Nervosität wird die Atmung flacher, die Kehlkopfmuskulatur spannt sich an, der Blutdruck steigt – das alles macht sich an der Stimme bemerkbar. Ihr Gesprächspartner kann Ihre veränderte Atmung hören und reagiert evtl. sogar negativ darauf.

Wer gewöhnlich, meist unbewusst, zu hastig und zu flach atmet, versetzt sich damit selbst oft unnötig

- in Erregung,
- in Kampf- oder Fluchtstimmung und/oder
- in Reizbarkeit und Angst.

Wer tief ein- und ausatmet, wird ruhiger und gelassener, ist weniger erregt, weniger reizbar und weniger ängstlich.

Wenn wir uns bewusst mit der Atmung auseinandersetzen, wirkt sich das förderlich auf unsere gesamte Gesundheit aus. Das Ziel ist, den Geist durch gleichmäßige Atmung ruhig zu stimmen, Stress abzubauen und Herausforderungen gelassener zu begegnen. Eine tiefe und ruhige Atmung verbessert die Funktion und die Leistungsfähigkeit von Herz, Lunge und anderen Organen und Körpersystemen.

Körperliche und geistige Ruhe bewirken einen freieren Atem- und Energiefluss im Körper.

Übung: Bewusstes Atmen in den Bauchraum

Sitzen Sie aufrecht auf einem Stuhl und legen Sie Ihre Hände auf Ihren Bauch. Die Fingerspitzen sollen sich berühren. Nun atmen Sie ganz tief durch die Nase in den Bauchraum ein, bis sich die Fingerspitzen beim Dehnen der Bauchdecke auseinander bewegen. Dann atmen Sie wieder aus. Die Fingerspitzen berühren sich wieder.

Atmen Sie mehrmals ein und aus. Sie werden merken: Langsam werden die Atemzüge tiefer, das Ausatmen dauert länger. Diese Atmung bringt Entspannung und löst Anspannungen. Wohlbefinden stellt sich ein.

Das Sprechen ist im Grunde nichts anderes als tönender (Aus-)Atem. Somit ist die Atmung Grundlage unseres verbalen Ausdrucks. Lautstärke, Tonhöhe, Sprechtempo und die Deutlichkeit der Aussprache sind, wie auch andere Faktoren des Sprechens, vom zur Verfügung stehenden Luftstrom abhängig. Bei jeder Form des Atemtrainings üben wir die Fähigkeit, die Muskeln, die an Atmung und Sprechen beteiligt sind, zu bewegen.

Der Atem trägt den Gedanken, d.h. solange ich weiß, was ich sagen will, „tankt" der Körper die richtige Menge an Luft, um den nächsten Gedanken auszusprechen. Es ist daher nicht notwendig, sich vor einem Satz mit Luft vollzupumpen.

Wichtig ist, dass Sie beim Sprechen mit Ihrer Luft ökonomisch umgehen. Kurze Äußerungen wie „Guten Morgen" oder „Wie geht es Ihnen?" kommen mit der Luft der Ruheatmung aus. Lassen Sie sich auf eine längere Diskussion ein, benötigen Sie eine deutlich höhere Luftmenge.

Der Atemvorgang besteht aber nicht nur aus dem Ein- und Ausatmen, es gibt auch eine Atempause nach dem Ausatmen.

Übung: Rendezvous mit der Atempause

Atmen Sie bewusst ein und bewusst aus. Am Ende des Ausatmens setzen Sie eine kleine Pause, die sogenannte Atempause, ehe Sie wieder einatmen. Sie werden bemerken, dass das Einatmen ganz von selbst kommt. Wir nennen das auch „reflektorische Atemluftergänzung".

Die drei Atemräume

Es gibt drei Atemräume:

- Der untere Atemraum umfasst den gesamten Beckenraum, den Unterbauch und den Lendenbereich.
- Der mittlere Atemraum umfasst den Solarplexus-Bereich, den Oberbauch und den mittleren Rücken. Funktionell gesehen, gehört das Zwerchfell zum mittleren Atemraum.
- Der obere Atemraum umfasst Brustkorb, Lunge, Schultern, Hals und Nacken.

Übung: Kontaktaufnahme mit den Atemräumen
Legen Sie sich entspannt auf den Rücken und lassen Sie Ihren Atem kommen und gehen. Legen Sie eine Hand auf Ihre Bauchdecke und atmen Sie gezielt dorthin. Dann entdecken Sie den mittleren Bereich, indem Sie Ihre Hand oberhalb des Nabels legen und dorthin atmen. Und zu guter Letzt legen Sie Ihre Hand auf das Brustbein und atmen in diesen Bereich.

Das Zwerchfell

„Das Zwerchfell ist in alles eingespannt, was uns bewegt."

(Horst Coblenzer)

Das Geheimnis der Atmung ist nicht die Lunge, sondern das bewegliche Zwerchfell.

Der Brustkorb schützt mit seinen zwölf Rippenpaaren Bronchien, Lunge, Herz und auch das Zwerchfell. Das Zwerchfell ist ein kräftiges, leicht nach oben gewölbtes Muskelfell und trennt den Brustraum vom Bauchraum. Das Zwerchfell ist der Hauptatemmuskel und eingespannt in alles, was wir tun und was uns bewegt. Es arbeitet für uns „unbewusst“, stellt aber die Grundlage für unsere Haltung, unseren inneren Halt dar. Das Zwerchfell ist unsere sogenannte Mitte.

In Kombination mit der Zwischenrippenmuskulatur ist das Zwerchfell für eine gesunde Sprechstimme wichtig. Wenn wir diese Muskelplatte trainieren, erreichen wir die größte Flexibilität und das bewusste Zugreifen auf diese automatisch angelegte Auf-und-Ab-Bewegung.

Übung: Lachen

Das einfachste und angenehmste Zwerchfelltraining ist das Lachen!

Übung: Zwerchfell dehnen nach Eric Franklin

Heben Sie den rechten Arm in die Höhe und legen Sie Ihre linke Hand auf die rechte Brustkorbseite. Visualisieren Sie das Zwerchfell unter Ihrer Hand und neigen Sie Ihren Oberkörper beim Ausatmen nach links. Beide Füße bleiben dabei fest am Boden verankert. Stellen Sie sich vor, wie sich die seitlichen Zwerchfellfasern verlängern. Beim Einatmen kommen Sie wieder in die Senkrechte. Sie wiederholen beim Ausatmen die Seitbeugung nach links und kommen beim Einatmen nach oben. Dieses Seitbeugen + Ausatmen und Hochkommen + Einatmen wiederholen Sie insgesamt vier- bis fünfmal.

Nach dieser Übung können Sie oft erstaunliche Unterschiede zwischen den beiden Körperseiten wahrnehmen: Mehr Atemvolumen in der rechten Lunge, entspannte Schultern und sogar ein gelöstes Kiefergelenk auf der ge-

dehnten Seite. Auch die Drehung des Rumpfes nach links fühlt sich elastischer an als die Drehung zur Gegenseite. Der rechte Arm scheint länger geworden zu sein. Strecken Sie die Arme nach oben und heben eine imaginäre Hantel, so gelingt dies mit weniger Kraftaufwand auf der rechten Seite. Denn das gelöste Zwerchfell gibt uns mehr Kraft.

Wiederholen Sie die Übung auf der anderen Seite.

Übung: Flankenatmung nach Eric Franklin

Am besten spüren Sie den Blasebalgeffekt des Atemvorgangs auf dem Rücken liegend. Um die Reaktion des Körpers beim Ein- bzw. Ausatmen zu spüren, legen Sie eine Hand oder ein Buch auf den Magen-Bauchbereich.

Jetzt atmen Sie einmal bewusst durch. Erst einatmen, dann in einem weichen Bogen ausatmen. Es müsste ein Heben und Senken des Bauches merkbar sein.

Übung: Zwerchfelltraining

Stellen Sie sich eine Geburtstagstorte mit vielen Kerzen vor. Jetzt blasen Sie die Kerzen mit fff-fff-fff aus. Wiederholen Sie die Übung einige Male am Tag. Sie kräftigt Ihr Zwerchfell.

Übung: Das Zwerchfell als Fahrstuhl

Sitzen oder stehen Sie bei dieser Übung. Stellen Sie sich Ihr Zwerchfell als Fahrstuhl vor, der auf und ab fährt. Beim Einatmen bewegt sich der Fahrstuhl nach unten, beim Ausatmen nach oben.

Übung: Der Brustkorb als Regenschirm – kennengelernt bei Ulli Wurpes

Sie stehen gut geerdet und stellen sich Ihren Brustkorb als Regen- oder Sonnenschirm vor. Der Griff befindet sich in Ihrem Becken, die Schirmspitze ist der oberste Punkt der Wirbelsäule. Beim Einatmen öffnet sich der Schirm und breitet sich dreidimensional in Ihrem Körper aus. Beim Ausatmen schließt sich der Schirm zur zentralen Achse.

Wiederholen Sie diese Übung einige Male.

Ihre Stimme sagt mehr als 1000 Worte

Meine Stimme transportiert nach außen was ich in mir fühle.

Es dauert eine Viertelsekunde, bis unser Gehirn etwas, das wir hören, inhaltlich verstanden hat. Das limbische System überprüft aber in der Zwischenzeit bereits u.a. den Klang der Stimme auf Sympathie. Das heißt, wir bilden uns eine Meinung über den Gesprächspartner, bevor wir verstehen, was er sagt.

Beim Sprechen ist der ganze Körper im Einsatz. Ungefähr 100 Muskelgruppen sind im Bereich des Kehlkopfs beteiligt. Jede kleinste Verkrampfung wirkt sich auf den Kehlkopf aus und somit auf den Klang der Stimme. Sind wir verspannt, spannt sich auch der Kehlkopf an und wandert nach oben, die Stimme wird höher. Im Idealfall sind wir entspannt und unser Kehlkopf liegt tief. Nur so hat unsere Stimme genug Resonanzraum.

Unsere Stimme ist die Visitenkarte unserer Persönlichkeit und somit am Telefon die akustische Visitenkarte des gesamten Unternehmens.

Jede Stimme ist anders. Jeder Mensch hat seine eigene, individuelle Stimme. Sie soll charakteristisch sein und Charme haben. Sie klingt dem Seelenzustand entsprechend und transportiert Stimmungen, Gefühle, Unbewusstes. Sie ist verbunden mit sämtlichen Bereichen, die die Persönlichkeit ausmachen: Körper, Geist und Emotion. Selbst Gedanken und Überzeugungen wirken auf die Stimme.

Zuerst lächeln, dann sprechen

Beobachten Sie sich selbst. Stellen Sie sich vor einen Spiegel. Lächeln Sie, bevor Sie sprechen. Ihre Gesichtszüge werden weicher und entspannter. Sie schaffen damit eine freundliche Atmosphäre und können so heiklen Situationen leichter begegnen und diese meistern. Das Lächeln auf den Lippen gehört zur unverzichtbaren Grundausstattung eines Mitarbeiters am Telefon.

Mit Ihrem Lächeln gestalten Sie die Umgebung, in der Sie tätig sind. Sie können bewusst und gezielt durch die Kontrolle der eigenen Stimmung Ihr Umfeld positiv beeinflussen.

Setzen Sie Ihre Stimme gezielt ein

Die Stimme liefert oft erst den Schlüssel zum Wort und zur Nachricht. Bringen Sie Ihre persönliche Note zum Ausdruck. Der Eindruck, den wir mit unserer Stimme hinterlassen, vermittelt ein Bild unserer Persönlichkeit. Tun Sie sich selbst und

Ihrer Stimme etwas Gutes und arbeiten Sie an Ihrem persönlichen Ausdruck. Die Stimme ist wie eine Tür zu uns selbst und zu unseren Mitmenschen.

Kongruenz von Gesagtem und Gefühltem

Kongruenz herrscht dann, wenn verbale und nonverbale Äußerungen im Einklang sind, d.h. wenn Ihre Körpersprache mit dem Gesagten übereinstimmt.

Am Telefon kann der Gesprächspartner nur hören, was Sie sagen und wie Sie es sagen. Der Gesprächspartner kann sich nur auf das Gesprochene (Ausdruck) und die Stimme (Eindruck) konzentrieren. Sie erreichen nur dann eine überzeugende Wirkung, wenn die Information der Inhaltsebene mit der Information der Beziehungsebene übereinstimmt. Die Kommunikation ist dann stimmig, kongruent.

Missverständnisse entstehen oft durch inkongruente Botschaften – wenn das, was Sie sagen, nicht mit dem übereinstimmt, wie Sie es sagen, d.h. wie Sie es wirklich meinen. Wenn Sie überzeugen wollen, müssen Sie mit Ihrer Stimme das Gleiche ausdrücken wie mit Ihren Worten.

Intentionale Einstellung

Für gelingende Kommunikation ist eine „intentionale Einstellung“ wichtig. Das heißt nichts anderes, als dass Sie mit Ihren Worten eine bestimmte Absicht, ein bestimmtes Ziel verfolgen. Ihr Sprechen ist zielgerichtet. Die intentionale Einstellung aktiviert und verstärkt den Kontakt zu Ihrem Gesprächspartner.

Eine solche Absicht kann beispielsweise „Meine Botschaft soll ankommen" sein. Mit Ihrer seelisch-mental-körperlichen Gesamthaltung übermitteln Sie Informationen.

Übung: Intentionale Einstellung

Vergleichen Sie in den folgenden beiden Beispielen die jeweiligen Situationen. Was fühlen Sie?

Beispiel 1: Sie rufen in einem Unternehmen an. Nach dreimaligem Läuten hebt ein Mitarbeiter ab und stellt sich undeutlich, eher unfreundlich und desinteressiert vor. Sie rufen in einem anderen Unternehmen an. Beim zweiten Läuten wird abgehoben. Der Mitarbeiter lächelt. Sie verstehen seinen Namen, und er nimmt sich Zeit für Sie.

Beispiel 2: Im Supermarkt: Die Kassierin wird angehalten, jedem Kunden einen schönen Tag zu wünschen. Im 1. Fall geschieht dies ohne Blickkontakt. Im 2. Fall sieht sie den Kunden an, lächelt und wünscht einen schönen Tag.

Sorgen Sie für gute Resonanz

Betrachten Sie Ihren Körper als Instrument. Der durch die in Schwingung versetzten Saiten, beispielsweise einer Gitarre, erzeugte Schall kann erst durch den Widerhall im Corpus/Körper des Instrumentes zu seiner vollen Entfaltung gelangen. Das, was letztendlich der Stimme Klang, Raum und Fülle verleiht, sind die Artikulations- und Resonanzräume. Vorübungen stellen u. a. die Körperübungen (siehe Kapitel Erfolgsfaktor 2) in diesem Buch dar.

Übung: Gähnen nach Ingrid Amon

Stellen Sie sich vor, Sie müssten jetzt gähnen. Öffnen Sie Ihren Mund und stellen Sie im Unterkiefer und Hals eine Weite her, die dem Gähnen gleicht. Bilden Sie ein langes, tiefes „aahh" und spüren Sie die Weite in Ihrem Hals und Brustkorb, in der sich der Ton gleichmäßig ausbreiten kann. Wiederholen Sie diese Übung einige Male.

Ihre Basistonhöhe

Jeder Mensch hat seine individuelle Stimmlage. Die Basistonhöhe ist jene Stimmlage bei der die Stimmlippen so schwingen, dass uns das Sprechen leichtfällt, also in keinster Weise anstrengt. Sie ist unser Heimathafen, unsere natürliche Eigentonlage und wird auch als „Indifferenzlage" bezeichnet. Sie befindet sich im unteren Drittel unseres Stimmumfangs.

Übung: Die natürliche Eigentonlage finden

Nehmen Sie eine entspannte Körperhaltung ein und legen Sie eine Hand locker auf den Bauch. Sie spüren, wie sich beim Atmen die Bauchdecke hebt und senkt. Sprechen Sie dann ganz entspannt ein paar Mal „mmmhm" und „aha". Stellen Sie sich vor, Sie geben einen wohligen Seufzer, einen zustimmenden Laut des Wohlbefindens von sich, Sie riechen an einer Rose, einem guten Parfum oder nehmen den Duft eines wunderbaren Essens wahr. Diese Tonlage entspricht Ihrer Indifferenzlage.

Wir glauben dem Sender einer Botschaft am meisten, wenn er in seiner Indifferenzlage spricht.

Die Indifferenzlage umfasst nicht nur einen einzigen Ton, denn das würde eintönig klingen. Sie bewegt sich in einer großen Terz. Unsere Stimme hat hier die schönste Klangfarbe.

Klangfarbe

„Der Klang gibt dem Wort Farbe und Kraft."

(Dario Lindes)

Die Klangfarbe – das unverwechselbare Timbre einer menschlichen Stimme – bildet sich durch die Anatomie der Resonanzräume, u. a. die Beschaffenheit des Rachenraums, der Mund- und Nasenhöhle. Auch die Zahnstellung, Zungengröße und Lippenform spielen bei der Klangfarbe eine Rolle. Singen beispielsweise zwei unterschiedliche Sänger ein Musikstück, sind das zwar die gleichen Töne, aber der Klang ist individuell.

Hohe und tiefe Stimmen

Stimmen haben nicht nur einen individuellen Klang, sondern sind auch unterschiedlich hoch und tief. Darüber entscheidet die Anatomie des Kehlkopfes und der Stimmlippen. Grundsätzlich gilt: Je kürzer/schmaler die Stimmlippen, desto höher die Stimme und umgekehrt.

Die Seele in der Stimme

Auch wenn jeder Mensch ein unverwechselbares Timbre hat, ist seine Stimme nicht jeden Tag gleich. An ihr erkennen wir den Seelenzustand eines Menschen. Sind wir positiv eingestellt, haben wir gute Laune und lächeln beim Telefonieren, dann klingt unsere Stimme tendenziell höher.

Eine angenehme Lautstärke

Extreme wirken unangenehm. Kontrollieren Sie Ihre Lautstärke von Zeit zu Zeit. Zu laut wirkt aufdringlich und aggressiv, zu leise vermittelt Unsicherheit, Schüchternheit und Müdigkeit. Die stimmlichen Mittel müssen immer im Einklang mit dem Inhalt des Gesagten stehen. Wichtige Informationen sollten Sie langsam und deutlich sprechen. Lautstärke wird als Mittel eingesetzt, um Ziele mit einem appellhaften Nachdruck zu versehen.

Ist Ihr Gesprächspartner sehr erregt, achten Sie darauf, dass Sie unter keinen Umständen selbst zu laut werden.

Kontrolliertes Sprechtempo

Hastiges und zu schnelles Sprechen verbreitet Hektik und Nervosität und kann auch zu Missverständnissen und Misstrauen führen. Langsames Sprechen klingt mitunter langweilig, ermüdet den Gesprächspartner und wirkt unsicher und wenig engagiert.

Sprechen Sie in einem kontrollierten Tempo, sonst leidet die Qualität Ihrer Stimme. Stellen bzw. stimmen Sie sich auf Ihren Gesprächspartner ein und überprüfen Sie die Situation, in der Sie gerade mit ihm sprechen.

Geben Sie keinesfalls Ihre Natürlichkeit auf – das Sprechtempo soll zu Ihrem Typ passen!

Übung: Sprechgeschwindigkeit
Damit Sie ein Gefühl für Ihr Sprechtempo bekommen, lesen Sie am besten einige Absätze aus einem Märchen bzw. einem Gedicht laut vor. Sprechen Sie beim Lesen bewusst, klar und deutlich. Denken Sie daran: Wenn Sie jemandem vorlesen und dieser versteht, worum es geht, dann sind Sie erfolgreich.

Satzmelodie

Der Ton macht die Musik!

Gute Modulation, ein deutliches Anheben und Senken der Stimme, Höhen und Tiefen dort, wo Sie Akzente setzen und Gefühle deutlich werden lassen, ruft Aufmerksamkeit hervor und hilft Ihnen, Ihre Persönlichkeit lebendig zum Ausdruck zu bringen.

Sprechdynamik – Betonung – Akzentuierung

Dynamisches Sprechen ist ein dem Sinn der Worte angepasster Tonfall. Die bewusste Betonung der einzelnen Worte allein hilft noch nicht, das Verstehen des Gesagten zu erleichtern. Wer-al-les-was-er-sagt-be-son-ders-be-tont, erschwert dem Zuhörer das Aufnehmen der Botschaft.

Meist ist es so, dass ein Wort oder eine Wortgruppe den stärksten Akzent aufweisen. Wir sprechen hier vom sogenannten Sinnträger.

Übung: Betonung
Sprechen Sie folgenden Satz mehrmals, indem Sie jeweils das fett gedruckte Wort betonen:

- ***Du** kannst jetzt sprechen.*
- *Du **kannst** jetzt sprechen.*
- *Du kannst **jetzt** sprechen.*
- *Du kannst jetzt **sprechen**.*

Durch die Betonung verändert sich die Aussage des Satzes. Sprechen Sie nun den Satz mit veränderter Wortstellung:

- ***Jetzt** kannst du sprechen.*
- *Jetzt **kannst** du sprechen.*
- *Jetzt kannst **du** sprechen.*
- *Jetzt kannst du **sprechen**.*

Eine Aussage kann durch Akzentuierung der wichtigsten Wörter im Satz besser strukturiert werden. Der Text wird dadurch für den Zuhörer besser verständlich.

Der Reichtum Ihrer Stimme liegt in der Variation all dieser Sprachelemente. Setzen Sie auf Ihre Stimme und Ihr Lächeln!

Trainieren Sie Ihre Stimme

Sind Sie zufrieden mit Ihrer Stimme? Wenn ja: wunderbar! Wenn nein: Freunden Sie sich mit Ihrer Stimme an. Sie können mit Ihrer Stimme arbeiten, denn die Stimme ist trainierbar und ausbaufähig.

Ab dem Zeitpunkt, zu dem Sie Ihre Stimme gerne hören, drückt sich dies in Ihrem gesamten Auftreten und Ihrer Ausstrahlung aus.

Übung: Summen auf „mmh" von Ingrid Amon

Summen Sie mit geschlossenen Lippen und ohne Druck lange ein „mmh". Dann halten Sie sich die Ohren zu, um im Kopfinneren noch genauer die Schwingungen des Tons zu spüren.

Übung: Raumfüllende Töne erzeugen

Versuchen Sie, ein stimmhaftes „sss" und „schsch" klingen zu lassen, etwa wie ein lästiges Fliegensummen. Wechseln Sie von leise nach laut und begleiten Sie Ihre Töne mit weich fließenden Armbewegungen. Spüren Sie die Vibrationen.

Übung: Schonender Stimmeinsatz

Beginnen Sie in relativ hoher Stimmlage leise ein „uuuu" zu singen und lassen Sie es langsam nach unten sinken. Sie können das mit einer Handbewegung unterstützen: Ziehen Sie den Ton mit der Hand von der Decke zum Boden.

Auf den Punkt gebracht

In allen Telefonsituationen nimmt Sie Ihr Gesprächspartner über die Stimme, die Art und Weise des Sprechens wahr. Überzeugen Sie durch sicheres Auftreten. Eine kraftvolle, angenehme Stimme und eine klare Artikulation helfen Ihnen, Ihre Überzeugungskraft zum Ausdruck zu bringen. Sobald Sie wissen, was Sie wollen, atmen Sie aktiver und die Stimme klingt resonanzreicher. Ihre Stimme und Sie gewinnen an Sympathie und Anerkennung.

Tipps zur Stimmpflege

Beginnen Sie Ihren Arbeitstag mit einem „Warm-up" für die Stimme:

- Bauen Sie Körperbewusstsein und Beweglichkeit auf: räkeln, dehnen, strecken Sie sich, schneiden Sie ein paar Grimassen.
- Summen Sie in angenehmer Stimmlage, gähnen Sie stimmhaft, sprechen Sie sich ein: Lesen Sie sich selbst laut vor.
- Atmen Sie aus, bevor Sie mit dem Sprechen beginnen.
- Setzen Sie bewusst die Zwerchfellatmung ein.
- Sorgen Sie für ausreichend Luftfeuchtigkeit in den Räumen.
- Sprechen Sie bewusst und eher langsam.
- Denken Sie an Pausen.
- Essen Sie möglichst wenig vor Sprechanstrengungen.

Nach „stimmlichen" Auftritten:

- Trinken Sie nichts Kaltes, setzen Sie sich nicht ohne Schal/Tuch der Kälte aus.

Nach Überlastung und bei Heiserkeit:

- Stimmruhe, kein Räuspern, Husten, Flüstern, besser summen und schlucken.

Bei Infekten:

- Inhalieren mit Wasserdampf, milder Salzlösung; Gurgeln mit Salbei- oder Eibischtee; Halswickel; Lutschpastillen auf Salzbasis ohne Menthol.

Achten Sie ganz allgemein auf einen gesunden Lebensstil:

- Achtung vor Nikotin, Koffein, Alkohol, scharfen Speisen, Schokolade.
- Sorgen Sie für ausreichend Schlaf und für Ruhephasen zwischendurch.
- Gönnen Sie sich Zeit zum Entspannen.
- Treiben Sie regelmäßig Ausdauersport.
- Denken Sie an den regelmäßigen Besuch beim HNO-Arzt.

Erfolgsfaktor 4: Die Artikulation

„Schwammiges Denken ist das grundlegende Hindernis für klare Artikulation."

(Kristin Linklater)

Artikulation

Mit „Artikulation" (lat. articulare = deutlich aussprechen) bezeichnet man im linguistischen Sinne die Bildung der Phoneme und Wörter menschlicher Sprachen, den motorischen Vorgang des Sprechens bei den Lautsprachen und des Gebärdens mit Händen bei den Gebärdensprachen. Die Laute werden im sogenannten Ansatzrohr gebildet: Dazu gehören Rachen- und Mundraum mit Gaumen, Zunge, Zähnen, Nase und Nasennebenhöhlen. Beim Artikulieren geht es darum, für die Stimme Raum zu schaffen.

Grundvoraussetzung für die lautsprachliche Lautbildung ist die Atmung, die über die Lunge die zum Sprechen benötigte Atemluft liefert. Man spricht in diesem Sinne auch vom „Phonationsstrom". Dabei handelt es sich in erster Linie um den exspiratorischen Phonationsstrom, d. h. nur die ausgeatmete Luft dient normalerweise der Lautbildung.

Deutlich sprechen bedeutet nicht, dass Sie jede Silbe und jeden Buchstaben betonen. Die Aussprache soll nicht übertrieben und künstlich wirken. Wichtig ist, die einzelnen Vokale und Konsonanten präzise auszusprechen, sodass man sie leicht hören kann. Je deutlicher die Aussprache, umso kompetenter wirken Sie auf Ihre Gesprächspartner. Ziel ist Natürlichkeit und die bereits erwähnte Kongruenz.

Übertriebene Artikulation führt zu Verspannungen im Gesichts- und Halsbereich und deshalb zur Einschränkung der Stimmleistung. Sind die Gesichtsmuskeln während des Sprechens zu wenig gespannt, ist die Stimmleistung ebenfalls beeinträchtigt.

Beachten Sie auch Ihre Mundöffnung und Ihre Lippenbeweglichkeit: Eine undeutliche Sprache und ein „In-den-Bart-Nuscheln" vermitteln Unsicherheit. Wenn jemand so spricht, setzt diese Person in der Regel wenig Mimik und Gestik ein. Deutliche Artikulation erreichen Sie nur, wenn die Gesichtsmuskeln in der „richtigen" Spannung sind.

> ***Übung: Deutlich sprechen***
>
> *Lesen Sie einen Text (mind. 10 Zeilen einer DIN-A4-Seite) laut vor. Stecken Sie einen Korken oder Ihren Daumen aufgestellt zwischen die Zähne und sprechen Sie jetzt den Text noch einmal. Übertreiben Sie bei der Betonung, machen Sie ausgeprägte Lippenbewegungen. Dadurch werden Sie verständlicher. Üben Sie täglich mit demselben Text. Wenn dieser für die Zuhörer gut verständlich klingt, wählen Sie einen neuen.*

Bei der Artikulation ist viel Muskelarbeit gefordert. Beteiligt sind: Kehlkopf, hinterer Rachen, Zunge, Lippen, Wangen, ein Teil der Stimmmuskulatur sowie der Unterkiefer. Es ist ganz wichtig, dass der Unterkiefer locker bleibt.

Die Kraft des Kiefers

Die Kraft des Kiefers wird oft unterschätzt. Dabei kann der Kiefer unser gesamtes Körpergewicht tragen, wie beispielsweise im Zirkus zu sehen ist. Die Lockerheit oder Angespanntheit der Kieferpartie ist von entscheidender Bedeutung: Man kann die „Verbissenheit" eines Menschen äußerlich in einem sehr vorgeschobenen oder harten und verspannten Kiefer sehen.

Übungen: Entspannung des Unterkiefers

Den Kiefer aktiv lockern durch langsames und schnelles Hin- und Her-, Auf- und Abbewegen aus dem eigenen Bewegungsgefühl heraus.

Den Kiefer massieren mit den Handknöcheln: Massieren Sie die oberflächliche und tiefe Muskulatur entlang der Backenknochen so fest, dass Sie spüren, wie dadurch eine lockernde, lösende Wirkung erreicht wird.

Den Kiefer verschieben durch festes Nach-vorne-Drücken. Geben Sie einen mittellauten Ton während der ganzen Ausatmung von sich. Am Ende der Ausatmung quetschen Sie das letzte bisschen Restluft aus sich heraus, sodass am Ende der Ton nur mehr ruckartig hervorkommt und Sie die Lungenenden und Lungenspitzen spüren. Erst dann wieder einatmen.

Wiederholen Sie die Übungen mehrmals.

Übung: Energie-Gähnen

Massieren Sie mit den Fingerkuppen von Zeige- und Mittelfinger das Kiefergelenk. Dabei den Mund öffnen und schließen. Gähnen Sie herzhaft. Das „Kiefergrübchen" verändert sich dabei. Bei dieser Übung wandert der Kehlkopf nach unten, die Augen werden befeuchtet, das Zwerchfell entspannt sich und Spannungen im Kieferbereich lösen sich.

Übung: Bussi und Smiley

Formen Sie mit den Lippen einen übertriebenen Kussmund und wechseln Sie dann zu einem breiten Lächeln.

Übung: Schnell sprechen

- *Es klapperten die Klapperschlangen, bis ihre Klappern schlapper klangen.*
- *Fischers Fritz fischt frische Fische. Frische Fische fischt Fischers Fritz.*
- *Gute Glut grillt Grillgut gut.*

Auf den Punkt gebracht

Eine deutliche Artikulation dient dazu, dass Ihr Gesprächspartner Sie gut versteht. Üben Sie, deutlich zu sprechen. Ein angenehmer Nebeneffekt: Eine deutliche Aussprache lässt Sie kompetenter wirken.

Erfolgsfaktor 5: Gute Kommunikation

Die Bedeutung der Kommunikation

„Sobald ein Mensch auf diese Erde kommt, ist Kommunikation der größte Einzelfaktor, der darüber entscheidet, welche Art von Beziehungen er mit anderen eingeht und was ihm widerfährt."

(Virginia Satir)

Kommunikation ist eine Entdeckungsreise zu uns selbst und zu anderen.

Wir können beobachten, wie wir und die Menschen um uns herum täglich miteinander kommunizieren und dabei lernen, uns klar, zielgerichtet und wertschätzend zu verständigen. Kommunikation fängt bei uns selbst an, mit unseren Denkmustern, Wertvorstellungen und Meinungen über uns und andere.

Kommunikation

Unter „Kommunikation" (lat. communicare = mitteilen, verständigen) verstehen wir den wechselseitigen Austausch von Gedanken in Sprache, Mimik, Gestik, Schrift oder Bild. Kommunikation ist ein Prozess der Übermittlung und Vermittlung von Informationen durch Ausdruck und Wahrnehmung von Zeichen aller Art.

Kommunikation, verbal und nonverbal, wird immer das zentrale Mittel der Verständigung zwischen Menschen sein. Nur durch Kommunikation können wir viele unserer Ziele verwirklichen.

Kommunikation ist wichtig, weil

- wir über Kommunikation Kontakt mit anderen aufnehmen bzw. aufrechterhalten,
- wir Anregungen erhalten und Neuigkeiten erfahren,
- Informationen vermittelt werden,
- es laut Paul Watzlawick unmöglich ist, „nicht nicht zu kommunizieren", da Kommunikation Verhalten jeder Art umfasst: Worte, Tonfall, Sprechtempo, Pausen, Lächeln, Körperhaltung, Körpersprache, Schweigen. Jeder von uns kommuniziert ständig.

Carl Rogers formuliert es so: „Die drei wichtigsten Bestandteile der Kommunikation sind Einfühlungsvermögen, Echtheit und bedingungslose, positive Anteilnahme."

Glücklicherweise ist wirkungsvolles Kommunizieren eine Fähigkeit, die wir trainieren können. Dies setzt das Erlernen bestimmter Techniken sowie systematisches Üben voraus. Durch Üben werden nicht nur unsere kommunikativen Fähigkeiten, sondern auch unsere Einsichten in den Kommunikationsprozess weiterentwickelt.

Wenn wir die Kommunikation und den Umgang miteinander verbessern wollen, müssen wir uns nicht nur um den Kontakt zwischen den Menschen, sondern auch um die Menschen selbst kümmern.

Kommunikation mit Herz und Verstand

Gute Kommunikation funktioniert aus meiner Sicht nur dann, wenn sich die Verstandesebene mit der Gefühlsebene trifft und beide Ebenen situationsbezogen eingesetzt werden. Das heißt, dass zur Verstandesebene, die im Wirtschaftskontext häufig im Vordergrund steht, Verständnis und Mitgefühl, zutiefst menschliche Komponenten, hinzukommen. Herz und Verstand sind im Prinzip so unterschiedlich, wie man es sich nur vorstellen kann.

„ABER als der Verstand das Herz kennenlernte, verliebte er sich unsterblich. Sie wollten eine Liebesbeziehung eingehen. Keine leichte Entscheidung, wie sollte das denn funktionieren? Nur 40 cm voneinander entfernt, repräsentieren Herz und Verstand zwei Welten. Sie beschlossen aber, in allen Dingen einen gemeinsamen Nenner zu finden. Der Verstand versuchte, sich in das Herz hineinzuversetzen, und das Herz dachte bei allem auch an den Verstand. Nicht einfach, aber da sich die beiden so liebten, glaubten sie fest an ihre Beziehung.

Der Verstand machte manchmal eine Pause und diese nützte das Herz, um andere Menschen glücklich zu machen. Das entdeckte der Verstand und das Herz gestand seinen Alleingang in Herzensangelegenheiten. Daraufhin nahm der Verstand das Herz in seine Arme und sagte: „Das hast du gut gemacht, ich sollte öfter eine Pause einlegen, dann wäre es auf der Erde viel schöner!" Da meinte das Herz ganz verliebt: „Du musst ja nicht weggehen, du kannst hierbleiben und ganz vertrauensvoll meine Entscheidungen genießen. Sollte ich einmal einen Blödsinn machen, kannst du mich ja warnen. Dann hätte ich dich immer bei mir und wäre nicht so allein." Auf diese Weise blieben das Herz und der Verstand immer beieinander. Der Verstand genoss sein geruhsameres Leben und liebte das Herz von Tag zu Tag mehr."

(Ein Text von Gabriela Erber)

Grundannahmen für eine gute Kommunikation am Telefon

Es steht jedem Menschen zu, sich „sein Denkmodell" und „seine Weltsicht" zurechtzulegen. Wir nehmen selektiv wahr, d. h. alle Wahrnehmungen laufen durch einen persönlichen Filter und werden interpretiert anhand bisher gemachter Erfahrungen, Erwartungen und Gefühle.

Selektive Wahrnehmung ist notwendig, da sie uns vor Reizüberflutung schützt sowie Orientierung und Sicherheit gibt. Dass wir selektiv wahrnehmen, bedeutet jedoch auch, dass wir unterschiedliche Auffassungen von der Wirklichkeit haben und dass jeder Mensch auf Grundlage seiner Wirklichkeitsauffassung kommuniziert und agiert.

Wenn Menschen verschieden denken und agieren, heißt das fürs Erste noch nicht, dass sie richtig oder falsch liegen. Es heißt nur, dass sie verschieden denken, fühlen und handeln.

Wenn eine Person mit einer anderen Person kommunizieren möchte, muss es für die andere Person wichtige und angenehme Gründe geben, sich darauf einzulassen. Sonst bewirken die Filter des Gegenübers, bewusst oder unbewusst, dass vieles vom Gesagten nicht durchdringt. Das Unbewusste wehrt sich in der Regel gegen alles, was sich unerfreulich und belastend anfühlt.

Jedes menschliche Verhalten ist zielorientiert und zweckbestimmt. Mag es bei erster Betrachtung noch so unlogisch erscheinen, steckt doch meist eine positive Absicht dahinter.

Wenn ein Mensch eine Entscheidung fällen muss, wählt er zum jeweiligen Zeitpunkt die aus seiner Sicht beste und verfügbare aus. Diese Entscheidung ist abhängig vom momentan zugänglichen Informationsstand.

Menschen verfügen prinzipiell über alle Fähigkeiten, die sie brauchen, um Lösungen für die Herausforderungen und Probleme des Alltags zu finden. Oft ist jedoch der freie Zugang zu diesen inneren Ressourcen versperrt.

Erfahrungen sind in bestimmten Sinnesmodalitäten gespeichert. Über die Sprache werden diese Erfahrungen übertragen.

Wenn etwas nicht funktioniert, ist es wichtig, etwas anderes zu tun.

Eine Nachricht hat es in sich

Sie kennen doch sicher auch folgende Situation: Sie legen den Hörer nach einem Telefongespräch auf und haben ein unangenehmes Gefühl. Sie bemerken, dass Sie angespannt und verkrampft sind und Ihr Atem schneller geht.

Gehen Sie in Gedanken folgende Fragen durch: Welche Inhalte hätte ich ansprechen wollen/sollen? Was hätte ich besser nicht gesagt? Wie hätte ich mich verhalten sollen?

Vielleicht sind Sie sich auch nicht sicher, ob Ihr Gesprächspartner Sie verstanden hat, oder Sie wissen nur noch ungenau oder gar nicht mehr, was Ihr Gesprächspartner eigentlich wollte.

Lassen Sie einmal folgende Aussage auf sich wirken: „Wahr ist nicht das, was ich sage, sondern das, was der andere hört bzw. versteht". (Paul Watzlawick)

Um zu verstehen, was mit diesem Satz gemeint ist, lohnt sich ein Blick auf das Sender-Empfänger-Modell.

Das Sender-Empfänger-Modell von Stuart Hall

Das von Stuart Hall in den 80er-Jahren entwickelte Sender-Empfänger-Modell definiert Kommunikation als Übertragung einer Nachricht vom Sender zum Empfänger. Damit diese Nachricht eindeutig verstanden werden kann, müssen Sender und Empfänger dieselbe Codierung beziehungsweise Decodierung verwenden. Beim Senden verschlüsselt jeder den Inhalt („das, was er meint") in Sprache („das, was er wie sagt"). Beim Empfangen entschlüsselt jeder die Sprache („das, was er hört") in einen bestimmten Inhalt („das, was er versteht").

Die einzelnen Schritte der Kommunikation des Sender-Empfänger-Modells sind:

- Der Sender hat eine Absicht.
- Er übersetzt diese in Worte.
- Er spricht sie aus, er sendet sie.
- Die Nachricht wird übermittelt.
- Der Empfänger empfängt die Nachricht, er hört sie.
- Er übersetzt sie.
- Er interpretiert die Bedeutung.

Im Idealfall kommt die Information beim Empfänger genauso an, wie sie der Sender ursprünglich gedacht hat.

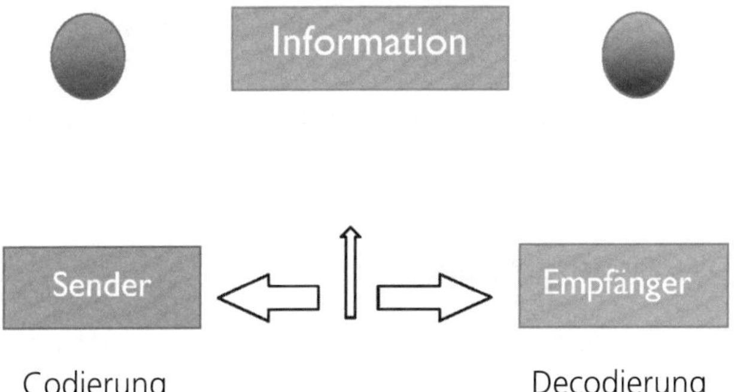

Der Sender denkt, codiert und sendet Signale. Der Empfänger versteht, decodiert und empfängt Signale.

Benutzen die beiden nicht denselben Code – weil der Sender eine Sprache spricht, die der Empfänger nur teilweise oder gar nicht versteht –, kommt es zu Störungen in der Kommunikation.

Entscheidend ist die Wirkung der Worte des Senders beim Empfänger. Beide Kommunikationspartner sind in gleichem Maße daran beteiligt, dass die Kommunikation gelingt. Aufgabe des Senders ist es, sich möglichst klar und eindeutig auszudrücken; die des Empfängers, gut zuzuhören und so lange nachzufragen, bis er die Botschaft im Sinne des Senders verstanden hat. Eine große Herausforderung!

Leitsätze für das Senden und Empfangen von Botschaften

Senden: „Wahr ist nicht, was ich sage. Wahr ist, was bzw. wie es der andere hört bzw. versteht.“

Empfangen: „Wahr ist nicht, was ich höre. Wahr ist, wie es der andere meint.“

Das Eisbergmodell

Der Mensch benutzt seinen Verstand zur nachträglichen Rechtfertigung seiner Gefühle.

Das Eisbergmodell geht auf Arbeiten von Sigmund Freud zurück. Freud stellte das Verhältnis von Vernunft und Gefühl anhand des bekannten Eisbergbeispiels so dar: Was sich unter Wasser abspielt (rund 80 %) hat einen sehr großen Einfluss auf das, was sich über Wasser (10 bis 20 %) ereignet.

In Bezug auf Kommunikationsprozesse bedeutet dies, dass nur ein kleiner Teil einer Botschaft direkt wahrnehmbar ist – die Informationen auf der Sachebene. Die vielfältigen Informationen auf der Beziehungsebene ergänzen diese und beeinflussen den Inhalt der Botschaft wesentlich. Ganz tief unten, am Grund des Eisbergs, kann nicht mit Argumenten überzeugt werden, nur mit der Übertragung von Sympathie.

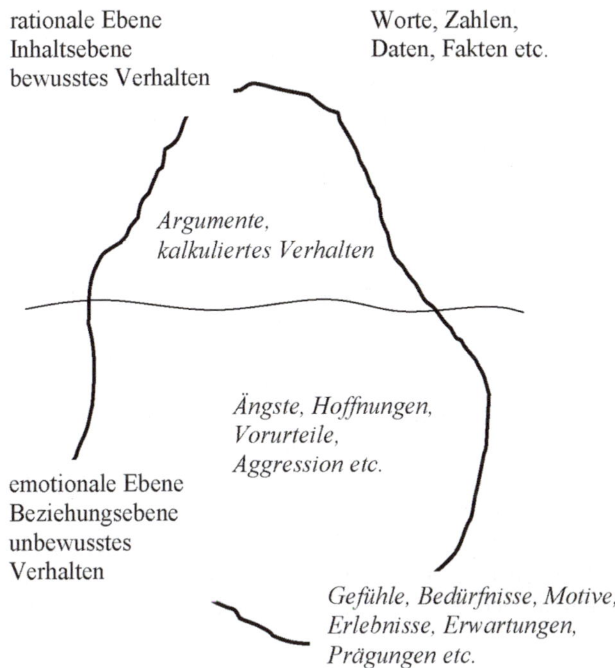

Inhaltsebene

Die Inhaltsebene wird durch den sichtbaren, kleineren Teil des Eisbergs repräsentiert und meist in sprachlicher Form übertragen. Auf dieser Ebene befindet sich der Inhalt der Kommunikation. Dazu gehören Daten, Fakten, Zahlen – das *Was* der Kommunikation.

Beziehungsebene

Die Beziehungsebene wird dem nicht sichtbaren Teil des Eisbergs zugeordnet und beinhaltet das *Wie* der Kommunikation. Die Beziehungsebene übermittelt genau genommen zwei Botschaften: Eine, aus der man schließen kann, was der Sender vom Empfänger hält, und eine darüber, wie der Sender die Beziehung zwischen sich und dem Empfänger sieht.

Der Beziehungsaspekt zeigt sich meist in der gewählten Formulierung, im Tonfall und anderen nichtsprachlichen Begleitsignalen. Wenn wir den Anteil der Beziehungsebene an der Kommunikation (etwa 80 %) betrachten, sehen wir, dass wir überwiegend emotional agieren und reagieren. D. h. Gefühle sind tatsächlich oft wichtiger als Argumente. Für diese Seite der Nachricht hat der Empfänger ein besonders empfindliches Ohr. Hier zählt vor allem die Wertschätzung. So sucht beispielsweise ein Käufer oft – unbewusst – nachträglich nach Gründen und Argumenten für seine Kaufentscheidung, die gefühlsmäßig schon längst gefallen ist, nur um seinen kritischen Verstand zu beruhigen.

Störungen zwischen den Ebenen

Störungen auf der Beziehungsebene wirken sich auf der Inhaltsebene aus. Ein zunächst sachliches Gespräch kann zum Schlagabtausch werden, beispielsweise durch die Betonung eines Satzes: „Ich habe mir gedacht, es ist alles klar." „Wie kommen Sie zu *dieser* Behauptung?!"

Zudem können sich Störungen auf der Beziehungsebene negativ auf die Ereignisse der inhaltlichen Ebene auswirken. Besteht über ein Projektziel Klarheit, aber existieren Meinungsverschiedenheiten über die Umsetzung, kann es schwierig werden, das eigentlich klare Ziel zu erreichen.

Inhalt und Beziehung im Telefongespräch

Ein Telefonat verläuft im Wesentlichen auf zwei ineinander verwobenen Ebenen ab. Der Inhalt wird im Normalfall verbal übermittelt, der Beziehungsaspekt nonverbal.

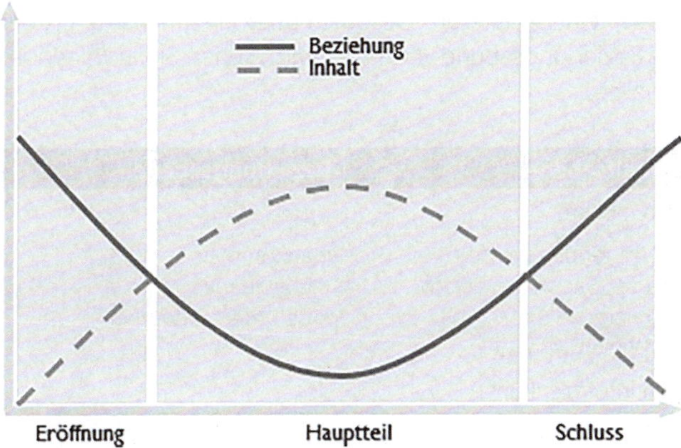

Sie beginnen Ihr Telefonat idealerweise mit einer freundlichen und deutlichen Vorstellung. Sie heißen Ihren Kunden willkommen! In der Eröffnungsphase zählt der erste Eindruck und daher zeigt die Beziehungskurve einen hohen positiven Wert.

Während sich Richtung Hauptteil die Beziehung im Idealfall auf eine positive Gesprächsatmosphäre einpendelt, steigt die Bedeutung der Inhaltsebene. Der Sachverhalt steht im

Mittelpunkt und erreicht die höchste Ausprägung auf der Skala.

Es folgen die Zusammenfassung und die Einleitung der Schlussphase. Der Inhalt wird zusehends weniger wichtig und die positive Beziehung gewinnt wieder an Bedeutung. Der letzte Eindruck bleibt in Erinnerung – Sie sollten die Verabschiedung daher wertschätzend gestalten: Nennen Sie den Namen des Gesprächspartners, wünschen Sie ihm einen schönen Tag.

Was in einem (Telefon-)Gespräch über die Inhalts- und über die Beziehungsebene vermittelt wird, sehen Sie in folgender Tabelle:

Inhaltsebene	**Beziehungsebene**
Ich möchte	
• verstanden werden • über Sachverhalte informieren • Wissen vermitteln	• ankommen • überzeugen • berühren, bewegen
Ich informiere über	
• Gegebenheiten • Sachinhalte • Standpunkte, Vorstellungen, Pläne	• meine Einstellung zu mir selbst, zum Partner und zum gemeinsamen Arbeitsinhalt
Diese Informationen erfolgen durch	
• die entsprechende Wortwahl • die entsprechende Sprachschicht • Aufbau und Gliederung der Informationen	• Körperhaltung, Mimik, Gestik • Atem- und Bewegungsrhythmus • die Klangfarbe der Stimme

Störfaktoren am Telefon

Jegliche Worte werden Sie vergessen, aber nie die Gefühle, die diese in Ihnen ausgelöst haben.

- Stress, Zeitmangel
- Desinteresse
- Mangelnde Wertschätzung
- Gesprächsinhalte werden durch negativ behaftete Themen und Beziehungen (Vorurteile) belastet.
- Der Sender spricht zu schnell.
- Die Nachricht wird missverständlich formuliert.
- Sender und Empfänger verwenden Worte und Formulierungen, die der andere nicht versteht.
- Der Empfänger fasst die Information persönlich auf, nicht als Botschaft auf der Sachebene.
- Der Empfänger wird ungeduldig, weil der Sender zu ausschweifend und langatmig erzählt.
- Gedankenlesen: Wir glauben zu wissen, was der andere denkt, bzw. wir erwarten von unserem Gesprächspartner, dass er unsere unausgesprochenen Gedanken lesen kann.

Der Umgang mit unterschiedlichen Gesprächspartnern

Ihre Gesprächspartner lassen sich schematisch unterschiedlichen „Gesprächstypen" zuordnen – hier finden Sie diejenigen, mit denen wir es am Telefon am meisten zu tun haben. In erster Linie haben wir es am Telefon mit „Mischtypen" zu tun. Jeder Mensch ist anders. Das Verhalten einer Person ist nicht nur von ihrem Charakter, sondern auch von der momentanen Situation und der Stimmungslage abhängig. Aus diesem Grund gibt es kein Wunderrezept im Umgang mit den unterschiedlichsten Gesprächstypen. Ihre Erfahrung und Kompetenz helfen Ihnen, konstruktive kooperative Gespräche zu führen.

Der ausfallende Gesprächspartner

Charakteristisches Gesprächsverhalten

- Reagiert mit persönlichen Angriffen.
- Wird laut, ist unsachlich, emotional, verallgemeinert und ist zynisch bis sarkastisch.

Gesprächsziele

- Angriffe und Beleidigungen nicht persönlich nehmen.
- Sachliche Klärung der Angelegenheit herbeiführen.

Tipps zum Umgang mit dem ausfallenden Gesprächspartner

- Stecken Sie den Gesprächspartner nicht gleich in die Schublade „aggressiver, gestörter Kunde".
- Distanzieren Sie sich innerlich von den Aggressionen Ihres Gegenübers.
- Zeigen Sie Verständnis, hören Sie genau zu, um Informationen zu bekommen.
- Senden Sie Ich-Botschaften, mit denen Sie Ihrer Betroffenheit Ausdruck verleihen.

Der Vielredner

Charakteristisches Gesprächsverhalten

- Hält Monologe, hört sich gerne reden, wiederholt sich.
- Weicht vom Thema ab.
- Hört nicht zu und unterbricht.

Gesprächsziele

- Den Redefluss des Partners geschickt stoppen.
- Den Partner zum Kern des Themas führen.

Tipps zum Umgang mit dem Vielredner

- Mit Namensansprache einhaken. Dadurch hält der Vielredner kurz inne und Sie haben die Möglichkeit, selbst zu argumentieren.
- Auf ein gemeinsames Ziel verpflichten: „Sie haben wichtige Dinge angesprochen, beginnen wir mit Punkt 1."
- Zusammenfassen und auf den Kern der Sache bringen: „Wenn ich Sie richtig verstanden habe, ist es Ihnen besonders wichtig, dass ..."

Der Schweiger

Charakteristisches Gesprächsverhalten

- Lässt ausschließlich den anderen reden.
- Macht lange Pausen.
- Stellt wenige bis keine Fragen, gibt keine Kommentare.
- Beantwortet Fragen kurz und bündig.

Gesprächsziele

- Den Gesprächspartner aktivieren, um Informationen zu bekommen.
- Einen Dialog initiieren.

Tipps zum Umgang mit dem Schweiger

- Stellen Sie möglichst viele offene Fragen, um Informationen zu erhalten und den Partner aus der Reserve zu locken.
- Hören Sie aktiv zu: Signalisieren Sie, dass es Ihnen wichtig ist, was er sagt.
- Toleranz: Vielleicht braucht der andere etwas länger Zeit zum Überlegen.

Der Besserwisser

Charakteristisches Gesprächsverhalten

- Tritt energisch auf, ist leicht erregbar.
- Seine eigene Meinung steht über allem.
- Versucht, die Gesprächsführung an sich zu reißen.

Gesprächsziele

- Die Selbstdarstellung stärkt sein Ego. Er fühlt sich wohl. Dies ist die beste Voraussetzung für einen positiven Ausgang.
- Ihn von seiner evtl. falschen Meinung diplomatisch abbringen.

Tipps zum Umgang mit dem Besserwisser

- Fassen Sie sich kurz und erteilen Sie ruhig und präzise die gewünschte Auskunft.
- Wirken Sie nicht belehrend.
- Stellen Sie ihm Fragen wie z. B. „Weshalb ist es Ihnen so wichtig, dass …?"

Der Ausweicher

Charakteristisches Gesprächsverhalten

- Drückt sich vor definitiven Zusagen.
- Hat viele Fragen, aber keine Antworten.
- Weicht konkreten Fragen aus.

Gesprächsziele

- Stärken Sie das Selbstwertgefühl des Partners, sagen Sie ihm, wie viel Ihnen an seiner Meinung liegt.
- Bringen Sie das Gespräch „auf den Punkt".

Tipps zum Umgang mit dem Ausweicher

- Sammeln Sie seine positiven Aussagen und schlagen Sie eine Lösung vor.
- Sichern Sie sich ab, ob der Gesprächspartner seine Entscheidung ernst meint.
- Fassen Sie das Gesprächsergebnis zusammen.

Der Ja-Sager

Charakteristisches Gesprächsverhalten

- Wirkt desinteressiert, ist schweigsam und zurückhaltend.
- Ärgert sich darüber, dass er sich überhaupt zu diesem Gespräch hinreißen lässt.

Gesprächsziele

- Beteiligen Sie ihn am Gespräch.
- Entführen Sie ihn aus seinem bekannten Muster.

Tipps zum Umgang mit dem Ja-Sager

- Sollte der Ja-Sager versuchen, Sie zu unterbrechen, lassen Sie ihn reden.
- Locken Sie ihn mit offenen Fragen aus der Reserve.
- Geben Sie ihm Zeit zum Antworten.
- Schweigen Sie bewusst drei Sekunden. Anhaltende Stille wird von den meisten Personen als unangenehm empfunden, sodass sie sich veranlasst sehen, etwas zu sagen.

Auf den Punkt gebracht

Damit Kommunikation gelingt, müssen viele Faktoren übereinstimmen: Sender und Empfänger sprechen idealerweise „dieselbe Sprache". Die Gesprächspartner müssen sich auf der Beziehungsebene gut verstehen, damit auch der Gesprächsinhalt transportiert wird. Außerdem sind bei unterschiedlichen Gesprächstypen verschiedene Kommunikationsstrategien anzuwenden.

Erfolgsfaktor 6: Die Sprache

Wertschätzung, Höflichkeit und Respekt als Grundwerte

„Umgangsformen sind ein Teil unserer Kultur!
Verzichten Sie nicht aus Unsicherheit
auf einen Akt der Höflichkeit!
Denn wichtiger als alle Manieren ist
die selbstverständliche Umgänglichkeit,
mit der ein Mensch auf andere zugeht,
auf sie eingeht, Gemeinsamkeit herstellt
und allen ein Gefühl der Sicherheit gibt."

(Freiherr Adolph Knigge)

Dieses Thema liegt mir besonders am Herzen, da es scheint, als hätten Werte wie Wertschätzung, Höflichkeit und Respekt in unserer Gesellschaft nur selten Platz. Wie oft ärgern wir uns über Unfreundlichkeit und Unhöflichkeit im Alltag und auch am Telefon – in der Regel mehrmals täglich. Wie rasch würde sich unsere Stimmung ins Positive ändern, wenn wir diesen Werten in Gesprächen öfter begegnen.

Unser Leben wird mitunter bestimmt vom Internet, von E-Mails, von sozialen Netzwerken etc. Wir schaffen es kaum noch, uns abzugrenzen von den vielen Eindrücken, denen unser Geist und unser Denken ausgesetzt ist. Alles muss laut, spektakulär und einzigartig sein, um überhaupt noch wahrgenommen zu werden. Wie es ein Telekommunikationsgigant ausdrückt, leben wir im besten verfügbaren Netz. (Roland Lackner)

Wo ist noch Platz für wahre Werte? Mehr denn je brauchen wir in unserer heutigen Welt echten Kontakt zu Menschen, eine wertvolle Kommunikation, ehrliche Zuwendung.

Wertschätzung

bezeichnet die positive Bewertung eines anderen Menschen. Sie gründet auf einer inneren allgemeinen Haltung anderen gegenüber, diese so anzunehmen und zu achten, wie sie sind. Wertschätzung betrifft einen Menschen als Ganzes, diese betrifft sein Wesen. Sie ist verbunden mit Respekt, Wohlwollen und Anerkennung und drückt sich in Interesse, Aufmerksamkeit und Freundlichkeit aus.

Voraussetzung für unbedingte Wertschätzung ist Selbstachtung. Sie wächst in dem Maße, wie wir selbst auf Fehler und Schwächen achten – und nicht einfach verachten, was wir an uns selbst nicht wahrnehmen. Der Weg zum anderen ist in diesem Sinne auch der Weg zu uns selbst.

Höflichkeit

ist ein wesentlicher Teil der Bildung und die Kunst, Unterschiede auszugleichen, ohne diese anzutasten, Distanz zu überbrücken, ohne sie aufzuheben, sich näherzukommen, ohne sich anzubiedern. Für Emanuel Kant ist die Höflichkeit darüber hinaus die Basis aller Werte.

Höflichkeit hat sich durch den Prozess der Zivilisation entwickelt und ist geprägt durch überlieferte Umgangsformen. Sie ist die einzige Sprache, die über alle sozialen und kulturellen Grenzen verstanden wird. Sie stellt ein Entgegenkommen dar, das es allen Beteiligten erleichtert, sich wohlzufühlen. Es lässt sich über vieles diskutieren, über den Wert der

Höflichkeit nicht. Sie muss selbstverständlich sein. Und im Idealfall lernen wir diese von klein an und bauen sie nicht erst aufgrund einer Telefonschulung in unser Repertoire ein.

Der Meister wurde von einem Schüler gefragt, wie er es schaffe, immer so freundlich im Umgang mit anderen zu sein. „Wer hat es dich gelehrt, und was muss ich beachten, wenn ich dir nacheifern will?“, fragte der Schüler. „Nicht ein Lehrer hat mich unterrichtet, sondern viele Lehrer haben mir die Freundlichkeit beigebracht, und ich lerne immer noch. Denn meine Lehrer waren die Unhöflichen. Ich habe mir stets gemerkt, was mir am Benehmen anderer Menschen mir gegenüber missfallen hat und dann habe ich mich bemüht, dieses Verhalten meinen Mitmenschen gegenüber zu vermeiden. So einfach ist das und doch so hilfreich!“

Höflichkeit hat auch etwas mit Geduld zu tun, denn Höflichkeit ist zeitaufwendig. Jemandem die Tür aufzuhalten, kann uns drei Sekunden kosten. In einer Welt, die die Zeit nach hundertstel Sekunden misst, eine halbe Ewigkeit. Vor allem im Straßenverkehr macht sich die wachsende Ungeduld als Unhöflichkeit bemerkbar. Grundsätzlich gilt: Der Höfliche verhält sich stets so, als hätte er Zeit!

Übung: Wie sieht es mit Ihrer Geduld am Telefon aus?

- *Nehmen Sie sich Zeit für Ihren Gesprächspartner?*
- *Hören Sie ihm aktiv zu?*
- *Lassen Sie ihn ausreden?*

Seine Gesprächspartner als Menschen wahrzunehmen und zu beachten ist das A und O der Höflichkeit. Wer aufmerksam und rücksichtsvoll ist, hat das Wesen der Höflichkeit verstanden.

Dankbarkeit macht einen weiteren Teil der Höflichkeit aus. Ein dankbarer Mensch gilt nicht nur als höflich, sondern auch als kultiviert.

Beispiele

- *„Danke für Ihren Rückruf/Ihre Information."*
- *„Danke, dass Sie das so schnell erledigt haben."*
- *„Danke für Ihre Reklamation/dass Sie uns darüber sofort informieren."*

Respekt

„Wenn wir anderen unseren Respekt erweisen, begegnen sie uns ebenfalls mit Respekt."

(Sprichwort der Lakota)

Respekt bedeutet, jemanden wertzuschätzen, ihm Aufmerksamkeit zu schenken, ihn wahrzunehmen und sich auf seine Persönlichkeit und Bedürfnisse einzulassen. Echter Respekt ist ein grundlegendes menschliches Bedürfnis. Ein höflicher und rücksichtsvoller Umgang ist ein Zeichen von Respekt.

Auf den Punkt gebracht

„Werte können wir nicht lehren, Werte müssen wir leben." (Viktor Frankl)

Durch gutes Benehmen schaffen Sie eine angenehme Gesprächsatmosphäre am Telefon: Den anderen ausreden lassen, Wertschätzung zeigen, den anderen um etwas bitten oder ein bewusstes Danke aussprechen.

- Höflichkeit ist das Sicherheitsnetz der Kommunikation und sorgt für ein angenehmes Gesprächsklima.

- Worte wie „gerne", „bitte", „danke", „Entschuldigung" etc. bewirken wahre Wunder.

Die Bedeutung der Sprache

„Sag, was du meinst,
und du bekommst, was du willst!"

(Georg Walther)

Sprache

Das Wort „Sprache" hat mehrere Bedeutungen – zwei davon sind: „Sprache" bezeichnet das konkrete Zeichensystem (z. B. die deutsche Sprache), umfasst aber auch alle Handlungen, die etwas zum Ausdruck bringen und mitteilen sollen.

Die Sprache lebt und verändert sich ständig – in jedem Gespräch, in jedem Gedanken. Sprache lebt durch ihren und in ihrem Gebrauch. Es kommen immer wieder neue Wörter und Wendungen hinzu, andere Begriffe verschwinden fast unbemerkt. Denken wir an Modewörter, Schlagwörter, Fachbegriffe etc.

Ludwig Wittgenstein stellt eine direkte Verbindung der Sprache zu unserem Denkvermögen her: Dort, wo wir keine sprachlichen Begriffe haben, können wir auch nicht denken. Daher ist es wichtig, einen umfangreichen Wortschatz zu fördern.

Im Prinzip sind die Eltern dafür verantwortlich, bei ihren Kindern das menschliche Grundbedürfnis, mit ihren Mitmenschen zu sprechen, zu wecken und zu unterstützen. Die Eltern und die gesamte Familie sollten von Anfang an mit Kindern in ganzen Sätzen sprechen und viele verschiedene Wörter einbauen, sowohl im Dialekt als auch in der Standardsprache.

Es ist nicht die Anzahl der Wörter, sondern die Qualität, die entscheidet, ob Sie verstanden werden oder nicht.

Als Empfänger sind wir sehr sensibel und spüren die bewussten und unbewussten negativen Bestandteile einer Nachricht. Wir empfinden sie als unangenehm. Als Sender scheint uns dieses Gespür oft zu fehlen.

Auf den Punkt gebracht

- Jeder Ausdruck, jedes Wort erzeugt ein Bild im Gehirn des Empfängers – positiv oder negativ – und führt zu entsprechenden Reaktionen.
- Worte sind wie Pfeile. Einmal abgeschossen, kann man sie nicht mehr zurückholen.

Dialekt, Standardsprache, Hochdeutsch

„Man kann durchaus hören, woher Sie kommen,
aber man sollte auch hören,
dass Sie dort nicht stehen geblieben sind."

(Ingrid Amon)

Dialekt

Der Begriff „Dialekt" wurde von Philipp von Zesen durch den Ausdruck „Mundart" eingedeutscht. Der Dialekt hat eine ortsbezogene regionale Färbung und ist daher die Sprach-

form mit der geringsten kommunikativen Reichweite. Der Dialektsprecher wird mancherorts bereits im Nachbardorf als ortsfremd angesehen.

Standardsprache

Laut Duden ist die „Standardsprache" die über den Mundarten und lokalen Umgangssprachen stehende, allgemein verbindliche Sprachform. Sie ist die gesprochene und geschriebene Erscheinungsform der Hochsprache.

Hochdeutsch

Eine der schriftdeutschen Standardsprache nahekommende Sprache wird in Hannover und Umgebung gesprochen. „Hannoveranerisch" gilt als modernes Hochdeutsch.

Sprechen Sie so, dass Sie von Ihren Gesprächspartnern verstanden werden. Grundsätzlich ist es nicht erforderlich, dass Sie dialektfrei sprechen. Oft lässt Sie eine leichte Dialektfärbung sympathischer erscheinen. Bleiben Sie sich selbst treu!

Dennoch ist es in der heutigen Zeit erforderlich, sich um ein ordentliches, vorbildhaftes Deutsch zu bemühen.

Die Kunst des Formulierens

Es ist wichtig, dass uns bewusst wird, was wir mit unserer Sprache und mit einzelnen Worten bei unserem Gesprächspartner auslösen und bewirken. Sprache und Worte können Positives wie Wertschätzung, Höflichkeit und Verständnis vermitteln, aber auch Negatives wie Desinteresse und Unfreundlichkeit.

Die positive Formulierung ist eine der Hauptsäulen des erfolgreich geführten Telefongesprächs. Positive Worte ziehen positive Menschen und Situationen an.

Leider wird viel zu wenig darauf geachtet, dass positive Formulierungen in ein Gespräch einfließen. Jedes Wort, das Sie Ihrem Gesprächspartner senden, stellt einen verbalen Reiz für ihn dar. Er reagiert sofort – bewusst oder unbewusst. Seine sprachlichen Reaktionen sind für Sie wiederum verbale Reize. Reize und Reaktionen beeinflussen sich gegenseitig. Sie können „belohnend" und „bestrafend" wirken. Gesprächspartner neigen in der Regel dazu, auf positive Reize belohnend und auf negative Reize bestrafend zu reagieren.

Zeigen Sie persönliches Interesse

Sie sind auf dem Weg zum Erfolg, wenn Sie sich für Ihren Gesprächspartner Zeit nehmen, ihm aufmerksam zuhören und Interesse an seinem Anliegen zeigen.

Vermitteln Sie Kompetenz und Sicherheit

Unsere Gesprächspartner brauchen das Gefühl von Sicherheit. Wenn Sie kompetent auftreten, tut das nicht nur Ihrem Gesprächspartner, sondern auch Ihnen gut. Kommen Sie zum Punkt. Kurze Sätze vermitteln Sicherheit.

Strahlen Sie Glaubwürdigkeit aus

Glaubwürdigkeit bedeutet, dass das, was Sie Ihrem Gesprächspartner anbieten und sagen, auch genau so gemeint ist. Je mehr Sie hinter einer Sache stehen, desto höher werden Ihre Glaubwürdigkeit und Ihre Kompetenz. Bauen Sie Sätze in der Ich-Form ein, dies wirkt authentisch und verbindlich.

Nützen Sie die Zauberkraft positiver Worte

Wer kennt nicht den Pessimisten, der vor einem halbleeren Glas sitzt. Wie gut hat es hingegen der Optimist, der noch ein halbvolles Glas vor sich hat.

Untersuchungen haben ergeben, dass wir positiv formulierte Aussagen um etwa ein Drittel rascher und besser verstehen als solche, die negative oder abweisende Begriffe enthalten. Betonen Sie daher nicht, was nicht möglich ist, sondern das, was möglich ist.

Verwenden Sie daher Wörter wie ja, gerne, bitte, exklusiv, besonders, schön, sicher, gut, dürfen, schnell, garantiert, zufrieden, interessant, ich erledige das persönlich für Sie, das mache ich gerne für Sie, viel Freude, vielen Dank, einen schönen Tag etc.

- *Vermeiden Sie negativ besetzte Wörter und Reize:* Nein, nicht, geht nicht, ist nicht da, weiß ich nicht, ich kann nicht, das ist unmöglich, ich muss, Sie müssen, ich bin nur ..., Problem, Reklamation, schwierig, alt, teuer etc.
- *Vermeiden Sie Belehrungen* wie „Wenn Sie das so gemacht haben, ...!", „Wenn Sie zugehört hätten, ...!"
- *Vermeiden Sie Befehle* wie „Rufen Sie später noch einmal an!", „Sie müssen ...!", „Notieren Sie ...!"
- *Vermeiden Sie Unterstellungen* wie „Sie haben mich/das falsch verstanden".
- *Vermeiden Sie „Nicht-Sätze":* Unser Gehirn kennt keine Verneinungen. Sie bewirken damit oft das Gegenteil von dem, was Sie wirklich wollen. Statt: „Lauf nicht auf die Straße!" Besser: „Bleib auf dem Gehweg!"

- *Vermeiden Sie das Wort „man“:* Mit diesem Wort stellen Sie keine direkte Verbindung zu Ihrem Gesprächspartner her. Verwenden Sie eine persönliche verbindliche Sprache – „ich“ oder „wir“.
- *Vermeiden Sie das Wort „müssen“:* Unser Gesprächspartner muss gar nichts! Bei dem Wort „müssen“ fühlen wir uns seit Kindesalter unter Druck gesetzt. Die Reaktion ist oft ein Gegenangriff.
- *Vermeiden Sie Füllwörter* wie eigentlich, und zwar, irgendwie, ehrlich, echt, relativ, überhaupt, natürlich, grundsätzlich, normalerweise, in der Regel, praktisch, außerdem, bekanntlich, bestenfalls, gänzlich, förmlich, neuerdings, immer, wohlgemerkt, unbedingt, quasi, offensichtlich, vergleichsweise, möglicherweise, ungefähr etc. Füllwörter werden auch „Weichmacher“ genannt. In klaren und kompetenten Aussagen haben sie deshalb nichts verloren.
- *Vermeiden Sie Störlaute* wie ah, hm, mh, na, tja, äh, oder, ja, nein etc.

Und zu guter Letzt ein absolutes No-Go in der überzeugenden Sprache:

- *Vermeiden Sie Konjunktive* wie würde, hätte, wäre, könnte etc. Der Konjunktiv wird übersetzt als Möglichkeitsform, das heißt durch die Verwendung des Konjunktivs befinden Sie sich im Reich der Möglichkeiten. Er entwirft neue Varianten der Zukunft. Das Reizvolle am Gebrauch des Konjunktivs ist die Möglichkeit, etwas vorzuschlagen, gedanklich auszuprobieren. Aber denken Sie daran, die Verwendung des Konjunktivs schwächt Ihre Kompetenz und Ihre Durchsetzungskraft!

Und noch einige Tipps

Sprechen Sie verständlich

- Achten Sie auf *Klarheit und Einfachheit* in der Art der Formulierung, der Wortwahl und im Satzbau.
- *Gliederung und Ordnung:* Eine Gliederung führt zu einer sinnvollen Reihenfolge der eigenen Gedanken. Erklären Sie Ihre Sachverhalte so, dass Sie anderen logisch und gedanklich stimmig erscheinen. Hilfreich ist dabei, Wesentliches von Unwesentlichem zu unterscheiden. Auch die Betonung, Pausen und eine anschließende Zusammenfassung unterstützen die Ordnung.
- *Kürze und Prägnanz:* Denken Sie an den „roten Faden" im Gespräch. Jeder wichtige Gedanke sollte für sich stehen. Kurze Sätze, verständliche Wörter und nachvollziehbare Bilder bzw. Vergleiche sind empfehlenswert.
- *Anregung:* Der Gesprächspartner soll durch direkte Ansprache, offene Fragen, bildhafte Darstellungen, Beispiele etc. angeregt werden, sich am Gespräch zu beteiligen.

Sprechen Sie bildhaft

Sie sprechen bildhaft, wenn Sie

- Vergleiche,
- Beispiele,
- bildliche Assoziationen (den Stein ins Rollen bringen),
- Eigenschaftswörter (insbesondere solche, die Farben beschreiben: statt gelb: goldgelb, zitronengelb; statt grün: grasgrün, smaragdgrün) und
- bildhafte Attribute (helle Begeisterung)

verwenden.

Wird bildhaft und farbig formuliert, kann sich der Gesprächspartner das Gesagte mühelos vorstellen und fühlt sich angesprochen. Das Gesagte wird leicht verständlich und trifft die Emotionen des Gesprächspartners.

Sprechen Sie in vollständigen Sätzen

Generell ist das Sprechen in Sätzen zu bevorzugen. Zum Beispiel wirkt „Geben Sie mir bitte Ihre Kundennummer" wesentlich freundlicher als ein trockenes „Ihre Kundennummer".

Setzen Sie Pausen

Ihr Gespräch wird interessanter, wenn Sie Pausen einbauen. Dabei sind kleine aktive Pausen gemeint. Sie unterstreichen deutlich das vorher Gesagte und geben Ihrem Gesprächspartner Gelegenheit zum Verstehen und Mitdenken. Machen Sie aus einem Hauptsatz und einem Nebensatz zwei Hauptsätze.

Setzen Sie Ihre Pausen nach dem Ausatmen, nicht nach dem Einatmen!

Pausen

- wirken für den Empfänger in der Regel wesentlich kürzer, als der Sender sie empfindet,
- bewirken Ruhe, Sammlung und Konzentration,
- lassen den Sprecher Sicherheit ausstrahlen,
- erhöhen die Spannung,
- ermöglichen dem Sprecher, die Wirkung seiner Worte zu beobachten.

Gehen Sie mit Entschuldigungen bewusst um

Entschuldigen Sie sich zum „richtigen" Zeitpunkt. Wenn Sie einen Fehler gemacht haben oder mit einer Behauptung unrecht hatten, geben Sie es zu. Dies zeigt Sie als charakterfesten Menschen. Vermeiden Sie es, sich permanent zu entschuldigen.

Sie-Sprache

Mit der Sie-Sprache stellen Sie den Kunden in den Mittelpunkt. Statt: „Ich habe Ihnen einen Brief geschickt." Besser: „Sie haben einen Brief von mir/uns erhalten".

Wiederholen Sie wichtige Informationen

Jeder Mensch möchte von seinem Gesprächspartner verstanden, akzeptiert und selbstverständlich angehört werden. Die Formulierung und Wiedergabe einer Aussage mit eigenen Worten und mit positiven Gesichtspunkten ist notwendig, um im Gespräch eine gute Rückkoppelung zu erzielen, Klarheit zu schaffen, Missverständnisse zu vermeiden, den Gesprächspartner zu respektieren. Zum Beispiel: „Darf ich noch einmal wiederholen ...?", „Habe ich Sie richtig verstanden ...?", „Das heißt ..."

Hier einige negative Aussagen – wie können diese positiv formuliert werden?

- *Das ist bei uns noch nie passiert.*

....

- *Da kann ich nichts machen.*

....

- *Herr X hat dafür jetzt keine Zeit, er ist in einer wichtigen Besprechung.*

....

- *Rufen Sie später noch einmal an!*

....

- *Dafür bin ich nicht zuständig. Sie müssen in der Zentrale anrufen!*

....

- *Diese Auskunft kann ich Ihnen nicht geben.*

....

- *Das haben Sie vollkommen falsch verstanden.*

....

- *Da müsste ich nachschauen.*

....

- *Ich werde schauen, dass das klappt. Versprechen kann ich aber nichts.*

....

Auf den Punkt gebracht

Wollen wir erfolgreich in einem Gespräch bestehen, so ist es wichtig, die Zauberkraft der Sprache zu kennen. Wenn wir wissen, wie Sprache wirkt, wird auch die Kommunikation besser gelingen.

Das aktive Zuhören am Telefon

„Gesagt ist noch nicht gehört.
Gehört ist noch nicht zugehört.
Zugehört ist noch nicht verstanden.
Verstanden ist noch nicht einverstanden.
Einverstanden ist noch nicht angewendet.
Angewendet ist noch nicht beibehalten."

(Konrad Lorenz)

Der Sinneskanal „Hören" spielt beim Telefonieren eine ganz besondere Rolle. Aus diesem Grund ein kleiner Ausflug zur Entstehungsgeschichte.
Eine Woche nach der Befruchtung, noch vor der Einnistung in die Gebärmutter, sind die ersten Ansätze der Ohren unter dem Mikroskop erkennbar. Der Embryo ist 0,9 mm groß. Das Ohr ist somit das erste, funktionierende Organ des werdenden Menschen, noch bevor Herz und Gehirn mit der Aktivität beginnen. Der Embryo nimmt Hörkontakt mit der Welt auf, bevor sein Herz schlägt. Bereits ab der 14. Schwangerschaftswoche kann der werdende Mensch hören. Nach der Hälfte der Schwangerschaft ist die Bildung des Gehörs mit seinen Kammern, Gängen, Nerven- und Gehirnverbindungen vollendet, früher als alle anderen Sinneskanäle. 18 Wochen nach der Befruchtung hören die werdenden Kinder auch Geräusche von außen, wie zum Beispiel Musik und Stimmen. Versuche bei 5 Monate alten Frühgeborenen haben ergeben, dass das Stimmprofil (Tonmelodie, Rhythmus, etc.) Parallelen zur Sprache der Mutter aufweist. Somit nehmen wir schon sehr bald „Sprechunterricht". (David Chamberlain, Rüdiger Dahlke)

Kommunikation im Sinne eines Dialogs basiert auf der Kunst des Redens und des Zuhörens.

Was gibt es Angenehmeres als ein Telefongespräch, bei dem beide Gesprächspartner ein gutes Gefühl haben.

Übung: Treffen folgende Aussagen auf Sie zu?

- *Ich erkenne schnell das zentrale Thema.*
- *Ich strukturiere das, was ich höre.*
- *Ich interpretiere Aussagen des Gesprächspartners vorschnell.*
- *Ich baue Störeinflüsse in meiner unmittelbaren Umgebung ab.*
- *Ich wiederhole den Inhalt des Gesprächs mit eigenen Worten, um sicherzugehen, dass ich alles richtig verstanden habe.*
- *Ich überdenke, was der andere sagt bzw. nicht sagt.*
- *Ich mache mir Gesprächsnotizen.*

Ob ein Gespräch positiv verläuft, hängt u.a. davon ab, ob die Gesprächspartner einander gut zuhören. Der Grad des Hörens kann sehr unterschiedlich ausfallen: Hört jemand nur, was der andere sagt, hört er wirklich hin oder hört er aktiv zu?

Hören

Beim Hören ohne Hinhören ist die Aufmerksamkeit noch nicht unbedingt auf den Gesprächspartner gerichtet, sondern auf die eigene Beschäftigung, auf die eigenen Gedanken, auf die Gelegenheit, selbst zu Wort zu kommen.

Hinhören

Beim Hinhören ohne Zuhören bemüht sich der Gesprächspartner nicht herauszufinden, was der andere meint oder sagen will.

Aktives Zuhören

Der Königsweg des Zuhörens ist das aktive Zuhören.

Aktives Zuhören

„Aktives Zuhören" bedeutet zunächst, auf der Sachebene mit eigenen Worten den Inhalt des Gesagten noch einmal zu wiederholen. Gleichzeitig gilt es auch zu erkennen und anzusprechen, wie sich der Sender im Zusammenhang mit der Sachinformation fühlt. Dies erfordert, nicht nur auf das zu achten, was der Gesprächspartner sagt, sondern auch auf das, wie er spricht und sich verhält. Das Zuhörerverhalten ist voll und ganz auf den Gesprächspartner gerichtet. Eigene Wünsche, Meinungen und Ziele werden zurückgestellt.
Ziel des aktiven Zuhörens ist es, die Welt durch die Augen des Gesprächspartners zu betrachten.

Aktives Zuhören bedeutet ganz im Augenblick sein und offen sein für das, was kommt. Sie geben Ihrem Gesprächspartner zu verstehen: „Sie interessieren mich! Ich bin überzeugt, dass Ihre Aussage wichtig ist. Ich respektiere Ihre Meinung, auch wenn ich nicht ganz einverstanden bin. Ich will nicht einfach Ihre Meinung ändern oder ein Werturteil fällen. Ich möchte Sie verstehen."

Das aktive Zuhören ist der Schlüssel zu Ihrem Gesprächspartner. Es ist beim Telefonieren die einzige Möglichkeit, die vom

Kunden geäußerten Bedürfnisse und Ziele wertschätzend aufzunehmen.

Gerade beim Telefonieren geht viel Zeit verloren, weil nicht aktiv zugehört wird. Wir alle haben Lesen, Schreiben, Rechnen gelernt. Haben Sie einmal „Zuhören" gelernt?

Am Telefon ist es oft wichtiger, gut zuzuhören als gut reden zu können.

Gesprächspartner, die einen verständnisvollen Zuhörer haben, werden offener, bauen schneller ihre Selbstverteidigung ab und nehmen eine tolerantere Haltung an. Sie hören sich selbst mitunter sorgfältiger zu und werden sich ihrer Empfindungen und Gedanken bewusster. Sie beginnen, auch dem anderen besser zuzuhören, und lernen, fremde Ansichten zu integrieren. Zuhören reduziert die Angst vor der Kritik der eigenen Ansichten. Der Gesprächspartner kann seine Ideen in ihrem wirklichen Gehalt erkennen und lernt, seine eigenen Beiträge als wertvoll zu betrachten.

Aber auch der Zuhörer verändert sich: Zuhören liefert nicht nur mehr Informationen als irgendeine andere Tätigkeit. Zuhören vertieft und fördert positive Beziehungen und ändert in konstruktiver Weise Einstellungen. Zuhören ist eine Form des Wachsens und Reifens der eigenen Persönlichkeit.

In einem persönlichen Gespräch werden durchschnittlich 50 % einer kurzen Mitteilung im Gedächtnis behalten. Es ist erschreckend, dass die Hälfte des Gehörten sofort vergessen wird. Dieser Wert fällt binnen 48 Stunden auf 25 %.

Deutlich geringer sind diese Werte, wenn der Zuhörer bei der Aufnahme einer Botschaft ausschließlich auf seinen Gehörsinn angewiesen ist – wie beim Telefonieren. Hier wird uns die Bedeutung der Fähigkeit, aktiv zuzuhören, ganz besonders bewusst.

Unterstützen Sie sich und Ihren Gesprächspartner, indem Sie folgende Tipps beachten:

- Das Zuhören wird bestimmt durch den Grad der Aufmerksamkeit und die Zeitdauer.
- Stellen Sie sich bewusst auf das Zuhören ein.
- Wenden Sie sich von anderen Aufgaben ab.
- Achten Sie darauf, dass Sie „offen" bleiben.
- Der Geist ist den Ohren oft schon weit voraus. Denken Sie daran, dass Sie viermal schneller aufnehmen können, als der andere spricht.
- Geben Sie mündliche Rückmeldungen.
- Wiederholen Sie wesentliche Fakten in eigenen Worten.
- Machen Sie sich Notizen.

Aktives Zuhören wird erleichtert durch

- eine gleiche Sprachebene,
- klares, deutliches Sprechen,
- eine abwechslungsreiche Sprachmelodie,
- angemessenes Tempo,
- Pausen,
- Struktur, einen roten Faden,
- bildhafte Sprache sowie
- ein ruhiges Umfeld.

Übung: Erinnern Sie sich
Denken Sie an einen wichtigen Anruf der letzten Woche: Was ist Ihnen noch in Erinnerung?

Die Fragetechnik – eine besondere Disziplin

„Die beste Antwort der erhält, der seine Fragen richtig stellt."
(Eugen Roth)

Die Qualität Ihrer Fragen unterstützt wesentlich die Qualität Ihres Gespräches. Mit geschickt eingesetzter Fragetechnik gestalten Sie Ihr Gespräch lebendiger und binden Ihren Gesprächspartner aktiv ein. Damit kommen Sie Ihrem Ziel einen großen Schritt näher.

Die Verwendung von Fragen in einem Gespräch

- zeigt dem Gesprächspartner Ihr Interesse,
- ermöglicht Ihnen das Kennenlernen Ihres Gesprächspartners, seiner Erfahrungen, Wünsche etc.,
- hilft, eine Beziehung bzw. Vertrauensbasis aufzubauen,
- unterstützt Sie, den Gesprächspartner besser einzuschätzen,
- hilft bei Klärung einer Situation und um Aggressionen abzubauen,
- gibt Ihnen Zeit, die nächsten Gedanken zu formulieren,
- unterstützt bei der Entscheidungsfindung,
- ermöglicht ein diplomatisches Korrigieren der Argumente des anderen und stellt ein taktisches Kalkül dar.

Geschlossene Fragen

Geschlossene Fragen, auch „Entscheidungsfragen" genannt, können nur mit Ja oder Nein beantwortet werden. Diese Fragen sind riskant, da die Wahrscheinlichkeit, dass die Frage mit Nein beantwortet wird, bei 50 % liegt.

Der Vorteil der geschlossenen Frage besteht darin, dass sie den Gesprächspartner auf den Punkt bringt.

> ***Beispiele für geschlossene Fragen***
> - *„Glauben Sie ...?"*
> - *„Wollen Sie ...?"*
> - *„Sind Sie damit einverstanden?"*

Offene Fragen

Offene Fragen werden auch als „W-Fragen" bezeichnet, da sie mit einem Fragewort eingeleitet werden: warum, wer, wann, wo, wie etc.

Stellen Sie offene Fragen, wenn Sie Ihren Gesprächspartner besser kennenlernen, mehr über ihn und seine Wünsche erfahren wollen, ihn aus der Reserve locken bzw. ihn aktiv am Gespräch beteiligen wollen. Diese Fragen verlangen eine detaillierte Auskunft. Eine Vertrauensbasis kann entstehen, Bedenken und Ängste werden abgebaut. Offene Fragen erleichtern es Ihrem Gesprächspartner, sich klarer auszudrücken. Während Ihr Gesprächspartner Ihre Frage beantwortet, können Sie die nächsten Gedanken vorbereiten und das Gespräch „steuern".

Der Vorteil der offenen Frage liegt darin, dass der Gesprächspartner eigene Ideen, Vorschläge und Meinungen einbringen kann, darf und soll.

Beispiele für offene Fragen

- *„Welche Anforderungen stellen Sie …?"*
- *„Was ist Ihnen persönlich wichtig?"*

Übung: Fragetechnik

Testen Sie mit einem Gesprächspartner Ihrer Wahl die Wirkung der beiden Fragetechniken. Formulieren Sie für sich im Vorfeld die Ziele, die Sie erreichen wollen.

- *Thema 1: Gehören Sie auch zu den Menschen, die Ihr Leben in die Hand nehmen?*
- *Thema 2: Was ist Ihnen in Ihrem Leben wichtig?*

Einige Fragearten für das Telefonieren

Alternativfrage

Die Alternativfrage gibt dem Gesprächspartner die Wahl zwischen zwei positiven Möglichkeiten. Setzen Sie diese Frage am besten zur Terminvereinbarung ein.

Zum Beispiel: „Welcher Termin ist Ihnen lieber, Montag, der 23. um 14 Uhr oder Mittwoch, der 25. um 10 Uhr?"

Motivierende Frage

Mit einer motivierenden Frage wird eine positive Stimmung erzeugt. Der Gesprächspartner wird angeregt, aus sich herauszugehen.

Zum Beispiel: „Was sagen Sie als Fachmann dazu?", „Welche Erfahrung haben Sie damit gemacht?"

Informationsfrage

Bei der Informationsfrage wird vorhandenes Wissen sachlich und kundenbezogen eingeholt bzw. bestätigt.

Zum Beispiel: „Wie sind Sie auf uns gekommen?", „Wann möchten Sie das Produkt geliefert bekommen?"

Rhetorische Frage

Bei einer rhetorischen Frage formulieren Sie einen Gedanken als Frage, die jedoch nicht vom Gesprächspartner beantwortet wird/werden muss. Entweder ergibt sich die Antwort aus Ihren Erklärungen oder die Frage beantwortet sich von selbst. Mit dieser Frage regen Sie Ihren Gesprächspartner zum Mitdenken an.

Zum Beispiel: „Welche Vorteile gibt es? Erstens …"

Meinungsfrage

Der Gesprächspartner wird bei der Meinungsfrage zum Denken angeregt.

Zum Beispiel: „Was halten Sie von …?"

Gegenfrage

Bei einer Gegenfrage wird der Gesprächspartner gezwungen, seine erste Aussage zu präzisieren.

Zum Beispiel: „Wie meinen Sie das?", „Wie darf ich das verstehen?"

Suggestivfrage

Die Suggestivfrage beeinflusst den Gefragten, im Sinne des Fragenden zu antworten. Kennzeichnend sind Wörter wie

„bestimmt", „sicher(lich)". Das Interesse des anderen wird überprüft bzw. eine Bestätigung der eigenen Ausführungen wird eingeholt.

Zum Beispiel: „Sie sind bestimmt auch der Meinung, dass …?", „Es ist Ihnen sicher recht, wenn …?"

Reflektierende Frage

Bei der reflektierenden Frage überprüfen Sie, ob Sie Ihren Gesprächspartner richtig verstanden haben. So beugen Sie Missverständnissen vor.

Zum Beispiel: „Heißt das, …", „Sie meinen …", „Darf ich das so verstehen …"

Auf den Punkt gebracht

Fragen Sie professionell

- Formulieren Sie positive, motivierende Fragen.
- Stellen Sie offene Fragen, um Informationen zu erhalten.
- Stellen Sie geschlossene Fragen, wenn Sie Entscheidungen wollen.
- Fragen Sie bei Unsicherheit nach: „Habe ich Sie richtig verstanden?"
- Stellen Sie Ihren Gesprächspartner durch Sie-Fragen in den Vordergrund: „Was schlagen Sie vor?"
- Warten Sie nach einer gestellten Frage die Antwort des Gesprächspartners ab, ehe Sie eine neue Frage stellen.
- Legen Sie nach jeder Frage eine Pause ein, damit Ihr Gesprächspartner antworten kann.

Rapport in der Sprache – mit allen Sinnen kommunizieren

„Das echte Gespräch bedeutet, das eigene Haus zu verlassen und an die Türe des anderen zu klopfen."

(Albert Camus)

Wenn wir geboren werden, beginnen wir, die Welt mithilfe der fünf Sinne zu erfahren: Sehen, Hören, Fühlen, Riechen und Schmecken. Wenn wir größer werden, fangen wir an, die Welt mithilfe der Sprache zu erfassen. Wir entwickeln ein Modell der Welt, das nicht mehr auf direkter Erfahrung beruht, sondern durch Sprache vermittelt wird. Mit dieser Übersetzung der sinnlichen Erfahrung in Sprache beginnen wir auch, ein eigenes Modell der Welt hervorzubringen.

In unserer Sprache spiegelt sich wider, welche sinnlichen Repräsentationssysteme jeder Einzelne von uns bevorzugt: unsere Augen (Sehen), unsere Ohren (Hören), unser Gefühl (Fühlen), unseren Geruchssinn (Riechen) und unseren Geschmackssinn (Schmecken).

Die folgende Darstellung zeigt, welche Sinnesorgane wir in welcher Intensität nutzen:

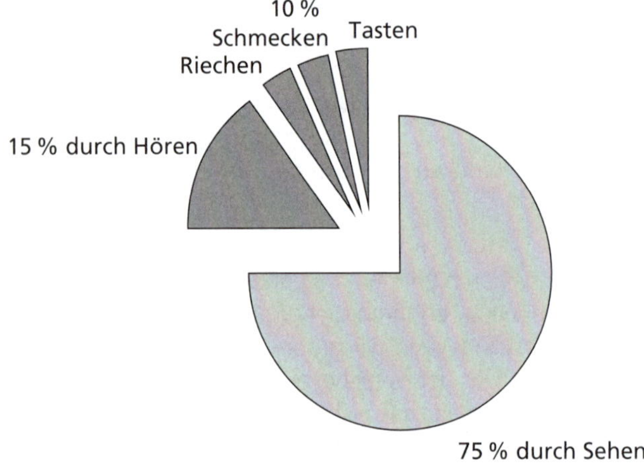

Rapport

Guten Kontakt zwischen zwei Menschen bezeichnet man im Französischen als „Rapport". Unter „Rapport" verstehen wir eine gute Qualität in der Beziehung. Wenn sich die Gesprächspartner einander in der Sprache angleichen, kann Rapport hergestellt werden. Erst wenn wir einen guten Rapport zu jemandem haben, fühlt sich der andere angenommen. Das macht ein Telefonat für beide Seiten effektiver und angenehmer – auch in sachlicher Hinsicht. Geübte Gesprächspartner gleichen sich automatisch an das bevorzugte Sinnessystem ihres Gegenübers an.

Wir alle verfügen in der Regel über fünf Sinne. Da jeder von uns einzigartig ist, setzt jeder von uns diese fünf Sinne in unterschiedlicher Intensität und Art und Weise ein. Stellen Sie sich den Menschen als einen Cocktail vor: Jeder von uns besteht aus denselben Zutaten, aber die Menge der jeweiligen Zutaten bestimmt unsere Individualität/unseren ganz besonderen Cocktail.

Wenn Sie in Ihrer Kommunikation am Telefon in Zukunft bewusst die Sinneskanäle Sehen, Hören, Fühlen einsetzen, erreichen Sie auf jeden Fall Ihren Gesprächspartner.

Sehen: visuell

Unsere Welt ist stark visuell ausgerichtet. Der visuelle Kanal bezeichnet die Orientierung über die gesamte optische Wahrnehmung.

Wir unterscheiden vier Dimensionen des Sehens: Farbe, Struktur, Raum und Bewegung. Durch das Sehen können wir viele Informationen zur gleichen Zeit erfassen. Aber: Die Aufnahme von visuellen Eindrücken unterliegt stark der selektiven Wahrnehmung. Menschen sehen die Welt durch individuelle Wahrnehmungsfilter. Ein Manager sieht die Welt mit anderen Augen als ein Künstler oder ein Arzt.

Ein visuell orientierter Mensch hat zu allem, was er sagt, die passenden Bilder im Kopf. Er achtet nicht so genau auf die exakte und richtige Wortwahl. Er versucht in erster Linie, seine Bilder mit Attributen anzureichern.

Tipps für das Telefonieren

Der visuelle Typ wünscht in der Regel schriftliche Unterlagen, um etwas persönlich „in Augenschein" nehmen zu können und zieht bei Interesse ein persönliches Gespräch jedem Anruf vor. Sprechen Sie bildhaft. Formulieren Sie kurze, übersichtliche Sätze. Machen Sie Angaben zu Größe oder Zeitdauer.

Typische Wörter/Formulierungen

Ein Bild machen, Perspektive, Aspekt, Blickwinkel, Überblick, das ist klar, ich bin der Ansicht, sich etwas vorstellen, es in einem anderen Licht betrachten, einen Augenblick warten etc.

Hören: auditiv

Der Begriff „auditiv" bezieht sich auf das Hören. Dazu gehören u. a. Eindrücke wie Klänge, Geräusche, Tonqualität in gesprochenen Äußerungen. Unsere Vorfahren empfingen über den auditiven Kanal in erster Linie Informationen wie Geräusche von anderen Menschen, Tieren, dem Wetter.

Jedes Gespräch ist ein komplexes auditives Phänomen. Bei jedem Gespräch ist der auditive Kanal naturgemäß stark beteiligt.

Der auditiv orientierte Mensch achtet sehr genau auf seine Wortwahl, spricht langsam, rhythmisch, klangvoll und bedacht. Da ihm Worte viel bedeuten, denkt er genau darüber nach, was er sagt.

Tipps für das Telefonieren

Der auditive Typ hört sich selbst gerne reden. Er liebt Telefongespräche. Er hört sich die Argumente genau an und stellt meist sehr zielgerichtete Fragen. Sprechen Sie eher langsam und mit Pausen. Variieren Sie Ihre Tonlage. Schaffen Sie ein optimales Umfeld ohne Störgeräusche, da diese für den auditiven Menschen besonders unangenehm sind.

Typische Wörter/Formulierungen

Guter Ruf, die Meinung sagen, detailliert beschreiben, das höre ich gerne, Wort für Wort, Einklang, darin stimmen wir überein, ein offenes Ohr haben, das hört sich interessant an, etwas zur Sprache bringen, zu Wort kommen, das klingt vielsagend etc.

Fühlen: kinästhetisch

Der Begriff „kinästhetisch" bezieht sich auf den Wahrnehmungskanal des Fühlens. Er umfasst alle körperlichen Empfindungen. Dazu gehören externe kinästhetische Reize. Diese wirken auf den Tastsinn der Hände und auf die taktile Wahrnehmung der Haut durch Druck und Berührung. Zu den internen kinästhetischen Sensoren gehören die Wahrnehmung der inneren Organe und der Muskeln, die Bewegung des Atems, der Gleichgewichtssinn, jede Form von Schmerz oder Lust. Auch das Temperaturempfinden ist ein kinästhetisches Phänomen, das sowohl extern als auch intern wahrgenommen wird. Ein weiterer wichtiger Bereich auf der kinästhetischen Landkarte sind unsere Emotionen wie Freude, Spaß, Liebe, Angst, Trauer, Wut etc.

Der kinästhetische Kanal verbindet den Menschen mit dem eigenen Körper und seiner Lebendigkeit. Er gibt uns wertvolles Feedback zu unserem gesundheitlichen Zustand und ermöglicht es uns, über die Intuition mit der Weisheit des Unbewussten in Kontakt zu treten.

Tipps für das Telefonieren

Der körpersprachlich orientierte Mensch spricht langsam und reagiert in erster Linie auf das Fühlen. Er benutzt oft Wörter aus dem physikalischen Bereich. Die Dinge sind „schwer zu verstehen". Hier spielt nicht, *was* man sagt, sondern *wie* man etwas sagt, eine besondere Rolle. Sprechen Sie das Gefühl und das sinnlich Begreifbare für Ihren Kunden an. Beschreiben Sie Ihr Produkt über detaillierte Informationen zu Form, Gestalt und Oberfläche.

Typische Wörter/Formulierungen

Ahnung, in den Griff bekommen, Berührung, ein gutes Gefühl dafür haben, Unterstützung, in Kontakt kommen, Intuition, den Eindruck haben, das stehen wir durch, sich wohlfühlen, Anspannung, gegen den Strom schwimmen, mit beiden Beinen auf dem Boden stehen etc.

Am Telefon werden die Sinneskanäle Riechen und Schmecken eher selten eingesetzt. Je nach Branche und Produkt können Sie aber dennoch eine Rolle spielen:

Riechen: olfaktorisch

Der Begriff „olfaktorisch" bezieht sich auf die Orientierung über den Wahrnehmungskanal Riechen. Bei der Einteilung in Wahrnehmungstypen (Sehen, Hören, Fühlen) wird der olfaktorische Kanal gemeinsam mit dem gustatorischen und dem kinästhetischen Kanal zusammengefasst. Von vielen Menschen werden olfaktorische Reize nur selten bewusst wahrgenommen. Die Schwelle, die ein olfaktorischer Reiz an Intensität erreichen muss, um vom Bewusstsein registriert zu werden, ist relativ hoch. Trotzdem orientiert sich unser Unbewusstes an Gerüchen.

Alle Menschen riechen! Wir benutzen Parfums, um für andere Menschen attraktiv zu sein. Wenn wir jemanden nicht riechen können, hat derjenige kaum eine Chance, unser Freund zu werden.

Typische Wörter/Formulierungen

Duftend, parfümiert, die Luft ist rein, Nase rümpfen, sie hat den richtigen Riecher, dicke Luft, eine frische Brise, hineinschnuppern, die Nase vorn haben, den kann ich nicht riechen, da weht ein frischer Wind, ich habe die Nase voll etc.

Schmecken: gustatorisch

Der Begriff „gustatorisch" bezieht sich auf den Wahrnehmungskanal Schmecken. Wenn wir nicht gerade essen, schenkt unser Bewusstsein dem gustatorischen Kanal meist nur wenig Beachtung. Doch unser Unbewusstes orientiert sich auch am Geschmack. Zum Beispiel sprechen wir von einer geschmackvollen Wohnungseinrichtung. Der persönliche Geschmack ist Ausdruck der Individualität eines Menschen.

Typische Wörter/Formulierungen

Geschmack, würzig, bitter, erfrischend, süß, sauer, scharf, trocken, herb, erdig, ein Leckerbissen, das ist geschmackvoll/geschmacklos, Schokoladenseite, bittere Wahrheit, das süße Leben, mir läuft das Wasser im Mund zusammen etc.

Auf den Punkt gebracht

Die Sprache bietet viele Hinweise, mit welchem Sinn ein Gesprächspartner bevorzugt denkt bzw. welcher Sinn bei ihm stärker ausgeprägt ist.

Durch das Erkennen und Einstellen auf das Sprachmuster des Gegenübers gelingt es Ihnen, Ihre Kommunikation zu optimieren und einen guten Kontakt zu Ihrem Gesprächspartner herzustellen.

Erfolgsfaktor 7: Die Intention

Mit klaren Zielen zum Erfolg

„Du bist deine eigene Grenze.
Erhebe dich darüber."
(Schamsoddin Mohammed Hafes)

Das Kommunikationsmittel, das in der Welt die größte Macht besitzt, ist das Telefon – wie viele Chancen werden verpasst, wenn ein Telefongespräch nicht sinnvoll und zielgerichtet genutzt wird! Es kommt keine Verständigung zustande, Zeit wird verschwendet, Nerven werden belastet, es wird aneinander vorbeigeredet, Ärger und Frustration machen sich bemerkbar. All das kennzeichnet viele Telefongespräche im Geschäftsleben.

Aber: Jedes Telefonat dient einem Zweck.

Wenn Sie sich darüber klar sind, welche Absicht Sie in einem Telefongespräch verfolgen, geschehen viele Feinabstimmungen in Ihrem Körper von selbst. Diese zielgerichtete Einstellung nennen wir „Intention". Sie bestimmt u.a., wie wir ankommen.

Übung: Erfolg am Telefon
Überlegen Sie sich:
- *Was bedeutet für Sie Erfolg am Telefon?*
- *Welche Ziele verfolgen Sie am Telefon?*

Ein Ziel ist ein erstrebenswerter, beabsichtigter Zustand, der realistischerweise innerhalb einer bestimmten Zeit nachprüfbar erreicht werden kann. Ziele sind Magneten. Ziele sind Fixsterne am Himmel. Sie zeigen uns den Weg zum Erfolg.

Sie kennen bestimmt den Spruch: „Der Langsamste, der sein Ziel im Auge behält, geht immer noch schneller als der, der ohne Ziel umherirrt."

So machen Sie aus Ihren Wünschen Ziele

1. *Zielfindung:* Was will ich vermitteln? Was will ich erreichen? Welchen Wert/Sinn hat das Erreichen des Ziels für mich? In welchem Kontext (wann, wo, mit wem) strebe ich das Ziel an? Wie verändert sich dadurch mein Telefonalltag?
2. *Situationsanalyse:* Was kann ich?
3. *Zielformulierung:* Was nehme ich konkret in Angriff?
4. *Weg:* Welche Hilfen/Ressourcen brauche ich noch? Was kann der Zielerreichung im Weg stehen? Was ist mein nächster Schritt?
5. *Zeitlimit:* Bis wann will ich mein Ziel erreichen?

Je klarer Ihre Vision ist und je deutlicher Sie das Bild der Zielerreichung vor Ihrem geistigen Auge sehen, desto sicherer verwirklichen Sie Ihre Vision.

Übung: Entwerfen/erstellen Sie eine Zeichnung Ihrer Vision bzw. Ihres Ziels

- *Wie sehen Sie sich/wie sehen Sie aus, wenn Sie Ihr Ziel erreicht haben?*
- *Was fühlen Sie in dem Moment, in dem Sie Ihr Ziel erreicht haben?*
- *Wie klingt dann Ihre Stimme?*

Und jetzt formulieren Sie Ihr Ziel in einem prägnanten Satz und beachten dabei:

- Ist das Ziel realistisch und erreichbar?
- Ist das Ziel konkret, positiv, klar und in der Gegenwart formuliert?
- Ist es mit einem Termin versehen?
- Woran erkenne ich, dass ich mein Ziel erreicht habe?

Machen Sie sich Ihr Ziel vor jedem Anruf bewusst!

Die konzentrierte Ausrichtung auf ein Ziel trägt zu dessen Realisierung bei. Die Kraft fließt dorthin, wo der Fokus Ihrer Aufmerksamkeit liegt. Sie nähren mit Ihrer mentalen Energie das, woran Sie denken, womit Sie sich beschäftigen.

Auf den Punkt gebracht

Viele Menschen erreichen ihre Ziele nicht, weil sie sich gar keine setzen. Die Voraussetzung, um ein Ziel zu erreichen, ist eine klare Zieldefinition.

Erfolgsfaktor 8: Kundenorientierte Gesprächsführung

Der Kunde im Mittelpunkt

Hans Heinrich Path hatte im Kloster Cismar als Schriftenschreiber folgende Idee zur Kundenorientierung:

Der Kunde

- ist die wichtigste Person in einem Betrieb.
- ist nicht von uns abhängig, aber wir von ihm.
- bedeutet keine Unterbrechung in unserer Arbeit, sondern ist deren Inhalt.
- ist kein Außenseiter in unserem Geschäft, er ist ein lebendiger Teil von ihm.
- ist niemand, mit dem man sich streitet, denn niemand wird jemals einen Streit mit einem Kunden gewinnen.
- ist eine Person, die uns ihre Wünsche mitteilt.
- Unsere Aufgabe ist es, diese Wünsche zu seiner und zu unserer Zufriedenheit auszuführen.

Die Zufriedenheit der Kunden ist ein wichtiges Ziel und zentraler Maßstab vieler Unternehmensaktivitäten. Tatsächlich wird die Kundenorientierung eines Unternehmens von jedem Kunden subjektiv wahrgenommen und mitunter unterschiedlich erlebt. Die Zufriedenheit ist das Ergebnis eines Vergleichsprozesses des Kunden zwischen seinen Erwartungen und den wahrgenommenen Leistungen. Die Erwartungen sind u. a. abhängig vom individuellen Anspruch eines Kunden, dem Image und Leistungsversprechen eines Unternehmens und dem Wissen des Kunden um Alternativen. Die Beurteilung der wahrgenommenen Leistungen setzen sich in erster Linie zusammen aus den aktuell gemachten Erfahrungen, der individuellen Beratung und/oder Problemlösung.

Dass die Erwartungen erfüllt werden, ist sozusagen das Minimum. Erst das Quäntchen „Mehr" lässt den Zeiger ins Positive ausschlagen und zaubert ein zufriedenes Lächeln in das Gesicht des Kunden.

> ***Übung: Reflexion***
> *Welches Bild haben Sie von Ihren Kunden?*

Meine Erfahrung ist: Kunden werden mitunter schwieriger, lassen sich nicht mehr alles gefallen, wollen keine Manipulationsversuche, sind informiert, sensibel, wissen oft alles besser, sind verhandlungsstark. Kunden gehen grundsätzlich dorthin, wo sie sich am besten betreut fühlen. Das Wort „Kundenorientierung" hat nach wie vor seine Berechtigung.

Obwohl kundenorientiertes Verhalten in vielen Unternehmen großgeschrieben wird, verhalten sich Mitarbeiter laut Kundenzufriedenheitsanalysen nicht wirklich kundenfreundlich. Die Mitarbeiter sind in der Regel überzeugt, ihre Arbeit freundlich und gewissenhaft zu erledigen. Wir müssen aber bedenken, dass unser Gesprächspartner etwas anderes wahrnimmt. Wie wir wirken und wahrgenommen werden, bestimmt letztendlich unser Gesprächspartner.

Gefragt sind interessierte und engagierte Mitarbeiter, die auf die Wünsche, Bedürfnisse, Interessen und Erwartungen der Interessenten und Kunden eingehen. Kunden erwarten als Minimum, dass sie zufriedengestellt werden. Erst wenn die Erwartungen des Kunden übertroffen werden, kommen sie gerne wieder.

- Wissen Sie, was für Ihre Kunden wichtig ist?
- Wissen Sie, warum Ihre Kunden bei Ihnen kaufen bzw. warum Ihnen Kunden bereits seit Jahren die Treue halten?
- Wo übertreffen Sie die Wünsche Ihrer Kunden?
- Wie können Sie sich noch besser, schneller etc. auf die Wünsche Ihrer Kunden einstellen?

Je besser Sie die Wünsche und Bedürfnisse Ihrer Kunden kennen und auf diese eingehen, umso zufriedener werden Ihre Kunden sein.

In Zukunft werden Unternehmen, die ihre Kunden wertschätzend und ehrlich behandeln, erfolgreicher sein als die, die auf raschen Umsatz aus sind.

Auf den Punkt gebracht

Kundenorientiertes Telefonieren bedeutet, dass sich der Kunde durch Ihr Gesprächsverhalten am Telefon sofort willkommen und gut aufgehoben fühlt, dass er vom ersten Moment an spürt, eine sympathische Person am anderen Ende der Leitung zu haben, die schnellstmöglich eine gute Lösung für ihn findet. Es liegt in Ihrer Hand, ganz nach dem Motto: „Es gibt nichts Gutes, außer man tut es!"

Die Begrüßung – Weichenstellung für das Gesprächsklima

*„Das Lächeln,
das du aussendest,
kehrt zu dir zurück."*

Indisches Sprichwort

Sie wissen, dass Ihr erster Eindruck zählt. Ihre persönliche Vorstellung mit dem Vor- und Familiennamen lässt Sie sofort sympathisch und positiv erscheinen. Damit gehen Sie einen ersten Schritt auf Ihren Gesprächspartner zu.

Empfehlenswert und ganz im Sinne einer einheitlichen Unternehmenskultur ist eine einheitliche Vorstellung aller Mitarbeiter im gesamten Unternehmen.

Folgender Vorschlag dient als Orientierungshilfe:

Inbound Calls – eingehende Gespräche

Wenn Sie als erste Instanz – in der Telefonzentrale, an der Rezeption, im Empfang oder Sekretariat – das externe Gespräch entgegennehmen, melden Sie sich am besten so:

Firmenname, Vor- und Familienname, Tagesgruß

Wenn Sie in einer Abteilung ein externes Gespräch entgegennehmen, wie zum Beispiel direkt auf einer Durchwahl, am Handy oder das externe Gespräch wird verbunden und angemeldet, dann melden Sie sich idealerweise so:

Firmenname, Vor- und Familienname

Der Tagesgruß erfolgt erst, wenn sich der Anrufer vorgestellt hat, in Verbindung mit dem Namen des Anrufers.

Outbound Calls – ausgehende Gespräche

Denken Sie auch bei Telefongesprächen, die von Ihnen ausgehen, an eine bewusste Vorstellung. Durch folgende Art, sich vorzustellen, geben Sie Ihrem Gesprächspartner Zeit, sich auf den Anruf und Sie einzustellen. Mit diesem Aufbau fällt es Ihrem Gesprächspartner leichter, sich Ihren Namen bzw. den Firmennamen zu merken.

Grüß Gott/Guten Tag (Herr/Frau …), hier spricht/mein Name ist: Vor- und Familienname … PAUSE … Firmenname.

Da viele Unternehmen bereits professionell gesprochene „Text vor Melden"-Bausteine in ihrer Telefonanlage für die Vorstellung nutzen, ist es wichtig, diese optimal zu integrieren und mit der anschließenden persönlichen Vorstellung abzustimmen.

Inbound Calls – eingehende Gespräche

Ein Telefonat ist immer so gut, wie das Gefühl, das es beim Gesprächspartner hinterlässt.

Bei eingehenden Gesprächen ist Ihr Gesprächspartner vorbereitet, auf sein Ziel konzentriert und wählt den für ihn passenden Zeitpunkt für einen Anruf in Ihrem Unternehmen. Sie trifft ein eingehendes Gespräch in der Regel unvorbereitet, vielleicht werden Sie davon auch überrascht. Sie haben nur eine minimale Vorbereitungs- bzw. Einstiegsphase.

Gesprächsvorbereitung

- Überprüfen Sie Ihre innere Haltung: Freuen Sie sich über den Anruf oder denken Sie „schon wieder ein Anruf"?
- Bereiten Sie Ihre Arbeitsmittel (Block, Schreibzeug, Terminkalender, Preislisten etc.) vor.
- Heben Sie bewusst beim zweiten Läuten ab.

Gesprächsdurchführung

- Melden Sie sich erst, wenn Sie den Hörer am Ohr haben bzw. das Headset positioniert ist.
- Beachten Sie die einheitliche Firmenvorstellung.
- Grüßen Sie freundlich und artikuliert.
- Eruieren Sie den Namen des Gesprächspartners und der Firma:
  - Mit wem spreche ich, bitte?
  - Wie ist Ihr Name, bitte?
  - Wen darf ich melden?
  - Darf ich Sie bitten, Ihren Namen zu buchstabieren?
  - Entschuldigen Sie bitte, ich habe Ihren Namen nicht/schlecht verstanden. Darf ich Sie nochmals um Ihren Namen bitten?
  - Von welcher Firma rufen Sie an?
  - Wie ist der genaue Firmenname?
- Fragen Sie nach dem Anliegen:
  - In welcher Angelegenheit möchten Sie Herrn X sprechen?

  - Darf ich fragen, worum es geht/es sich handelt?
  - Ich bitte um Ihr Verständnis, wenn Sie Ihren Namen/den Grund Ihres Anrufs nicht bekanntgeben, darf ich Sie nicht durchstellen/verbinden.
- Hören Sie aufmerksam zu, vermitteln Sie Kompetenz.

Wenn Sie Ihren Gesprächspartner verbinden

- Informieren Sie sich über An- und Abwesenheitszeiten, Besprechungen, Gäste etc.
- Verbindung herstellen: Gerne/einen Moment bitte Herr X, ich verbinde Sie mit Herrn Y/in die Abteilung Z.
- Melden Sie idealerweise jedes Gespräch an: Herr X von der Firma Y möchte Sie in der Angelegenheit Z sprechen.
- Wenn Sie Ihren Gesprächspartner unterbrechen, nennen Sie den Grund dafür: Herr X entschuldigen Sie bitte, wenn ich Sie unterbreche, …
- Wenn Sie Ihren Gesprächspartner zurückholen, sprechen Sie ihn mit Namen an.

Bieten Sie Hilfestellung an

- Sagen Sie, wann der Gesprächspartner erreichbar ist: Herr X ist
  - (voraussichtlich) ab … Uhr zu erreichen/erreichbar.
  - (gerade) in einer Besprechung/in einem Meeting.
  - geschäftlich/im Betrieb/im Haus unterwegs.
  - Herr X telefoniert gerade.
- Was darf ich Herrn X ausrichten?

- Darf Sie Herr X zurückrufen?
- Wie lange, unter welcher Nummer sind Sie erreichbar?
- Möchten Sie einen Moment warten?
- Bieten Sie bei Bedarf eine Vertretung an.

Wenn Sie das Gespräch selbst weiterführen

- Informieren und beraten Sie.
- Stellen Sie Fragen, wiederholen Sie wichtige Informationen.
- Klären Sie das weitere Vorgehen ab.
- Denken Sie daran, freundlich zu sein und an den Satz: „Der Ton macht die Musik."
- Überprüfen Sie Ihre Gedanken.
- Achten Sie auf Ihre Körperhaltung.
- Achten Sie darauf, dass Sie Ihrem Gesprächspartner interessiert und wertschätzend begegnen.
- Machen Sie sich Notizen.

Gesprächsende

- Wiederholen Sie, was Sie mit Ihrem Gesprächspartner vereinbart haben:
  - Ich habe das notiert.
  - Ich leite das gerne weiter.
  - Herr X ruft Sie am … um … Uhr zurück.

- Denken Sie an eine nette Verabschiedung, nennen Sie den Namen des Gesprächspartners, damit Ihre letzten Worte beim Gesprächspartner „im Ohr bleiben".
  - Auf Wiederhören, Herr X.
- Legen Sie den Hörer erst auf, wenn Ihr Gesprächspartner aufgelegt hat.

Gesprächsnachbereitung

- Gesprächsnotizen ergänzen (denken Sie an persönliche Informationen etc.).
- Was ist zu veranlassen, wer ist zu informieren?

Outbound Calls – ausgehende Gespräche

Ein Telefongespräch ohne Vorbereitung ist wie eine Therapie ohne Diagnose. Schlecht vorbereitete Gespräche sind die Zeitdiebe Nummer 1!

Organisieren und strukturieren Sie Ihren Tagesablauf. Freuen Sie sich auf Ihre Arbeit, Ihre Telefonate und Ihre Gesprächspartner.

Gesprächsvorbereitung

- Wer sind meine Zielpersonen?
- Wie ist der Status quo bei Ihrem Gesprächspartner?
- In welcher Situation/Stimmung könnte sich mein Gesprächspartner befinden?
- Was interessiert den Gesprächspartner besonders?

- Was ist meinem Gesprächspartner wichtig?
- Welche Arbeitsunterlagen/Informationen brauche ich?
- Was ist das Ziel meines Anrufes/Was will ich erreichen?
- Wie eröffne ich das Gespräch, wie gestalte ich Hauptteil und Schluss?
- Wie sieht mein Angebot aus?
- Welche Vorteile/welchen Nutzen hat mein Gesprächspartner durch mein Angebot?
- Welche Einwände sind zu erwarten?
- Welche Alternativen habe ich zu diesem Angebot?
- Welche Zusatzleistungen kann ich anbieten?

Nützlich: ein Telescript

Wenn Sie mehrere Gespräche am Tag bzw. in einer Woche mit derselben Zielsetzung führen, ist es ratsam, ein Telescript zu erstellen. Ein Telescript ist ein mehr oder weniger ausführlicher, schriftlicher Gesprächsleitfaden. Er sorgt für eine gleichbleibende Qualität und Professionalität Ihrer Gespräche.

Aufbau eines Telescripts

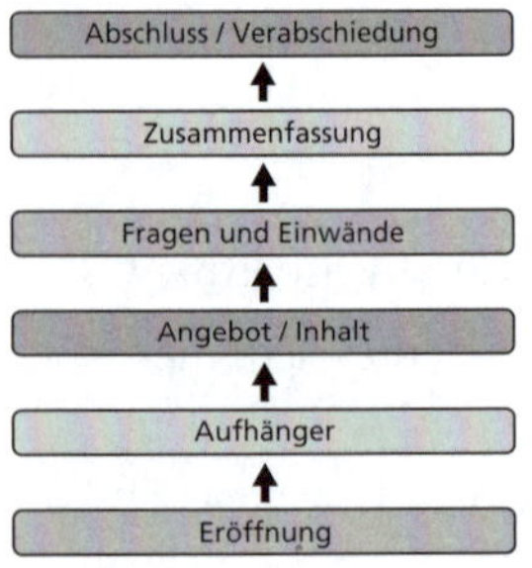

Gesprächsdurchführung

- Begrüßen Sie Ihren Gesprächspartner und nennen Sie seinen Namen.
- Sprechen Sie den Namen des Gesprächspartners korrekt aus.
- Überzeugen Sie sich, dass der gewünschte Gesprächspartner am Apparat ist.

Gesprächsaufhänger als Einstieg

- Nennen Sie den Gesprächsanlass. Nehmen Sie beispielsweise Bezug auf vorherige Kontakte.
- Fallen Sie nicht mit der „Tür ins Haus", sondern schaffen Sie zuerst die Atmosphäre für das eigentliche Anliegen.

Informationen

- Informieren Sie sich über Ihren Gesprächspartner, das Unternehmen und die Branche.
- Stimmen Sie Ihr Gespräch auf Ihren Gesprächspartner ab.

Bedürfnisse wecken

- Wecken Sie den Wunsch beim Gesprächspartner, Ihr Unternehmen und Ihre Produkte kennenzulernen.
- Bei Interesse: Vereinbaren Sie einen persönlichen Gesprächstermin.

Wenn der Gesprächspartner Einwände hat, …

Wenn Ihr Gesprächspartner noch keine Entscheidung treffen will oder kann und Einwände vorbringt,

- braucht er eventuell noch mehr Informationen,
- ist er unsicher, ob er sich für das richtige Produkt/die richtige Dienstleistung entscheidet.

… überzeugen Sie durch Nutzenargumente

Solange Sie nur Produkteigenschaften aufzählen, ruft dies wenig Interesse beim anderen hervor. Erst wenn Sie die Bedürfnisse Ihres Gesprächspartners kennen und aus diesem Wissen heraus die Argumente gezielt formulieren, sind Sie auf dem richtigen Weg.

Beleuchten Sie interessante Merkmale und Vorteile Ihrer Vorschläge, damit sich der Kunde bildhaft vorstellen kann, welchen Nutzen dieser Kauf für ihn bringt. Entscheidend ist, dass ihm jetzt, vor dem Kauf, jene Vorteile bewusst werden, die er später beim Gebrauch des Artikels hat.

> *So formulieren Sie Nutzenargumente*
> - *„Das bedeutet für Sie …"*
> - *„Das hat für Sie den Vorteil …"*
> - *„Das heißt für Sie …"*

Erkennt der Kunde einen Vorteil und Nutzen für sich und sein Unternehmen, wird er offen bzw. denkt über den Kauf nach. Je bedarfsorientierter Ihr Angebot formuliert ist, umso näher sind Sie dem Verkaufsabschluss.

Gesprächsende bei Nicht-Interesse

- Falls Ihr Gesprächspartner nicht an einem persönlichen Gespräch interessiert ist, fragen Sie nach dem Grund. Klären Sie ab, ob ein weiterer Kontakt gewünscht ist. Zum

Beispiel: „Wenn Sie damit einverstanden sind, rufe ich Sie gerne am … um … Uhr wieder an."

- Wichtig für weitere Kontakte mit dem potenziellen Kunden: Seien Sie offen und bleiben Sie dran. Denken Sie an eine wertschätzende, höfliche und respektvolle Behandlung.
- Der letzte Eindruck bleibt in Erinnerung. Verabschieden Sie sich bewusst positiv.

Gesprächsende bei Interesse

- Zeigen Sie Freude, dass Ihnen der Gesprächspartner die Möglichkeit für ein persönliches Gespräch gibt.
- Wiederholen Sie den Termin, damit keine „Terminpannen" passieren.
- Betonen Sie: „Ich freue mich, wenn wir uns am … um … Uhr persönlich kennenlernen und ich Sie von unseren Produkten und unserem Service überzeugen darf."
- Der letzte Eindruck bleibt in Erinnerung. Verabschieden Sie sich bewusst positiv.

Gesprächsnachbereitung

- Ziehen Sie ein Resümee: Haben Sie Ihr Ziel erreicht?
- Erfassen Sie Ihre Gesprächsnotizen in Ihrer Datenbank.
- Tragen Sie Termine ein.
- Was ist zu veranlassen, wer ist zu informieren?

Mitdenken – Cross-Selling und Up-Selling

Zusatzverkäufe binden Kunden stärker an Ihr Unternehmen.

Übung: Reflexion
Welche Einstellung haben Sie persönlich zum Thema „Zusatzverkauf"?

Es gilt, alles daranzusetzen, den Kunden von Ihrer Kundenorientierung und Ihrem Interesse zu überzeugen und ihn zu einem Stammkunden zu machen.

Denken Sie daran: Der beste Kunde ist der, den wir schon haben!

Cross- und Up-Selling dienen dazu, den Kunden langfristig an das Unternehmen zu binden. Sie brauchen Einfühlungsvermögen und den Willen, den Kunden immer wieder für neue Ideen zu begeistern.

Cross-Selling
Unter „Cross-Selling" verstehen wir den Zusatzverkauf von Produkten, die nicht zusammengehören bzw. -passen. Sie bestellen beispielsweise ein Kostüm/einen Anzug. Als Tagesangebot werden Ihnen Handtücher angeboten.

Up-Selling
Unter „Up-Selling" wird der Zusatzverkauf von Produkten, die zusammengehören bzw. -passen, verstanden. Sie bestellen beispielsweise ein Kostüm/einen Anzug. Ihnen wird die passende Bluse/das passende Hemd als Zusatzverkauf angeboten.

Ebenso steht Up-Selling für den Verkauf des gewünschten Produkts in einer qualitativ besseren und höherwertigen Ausführung.

Es ist wichtig, den richtigen Zeitpunkt für die Einleitung zum Zusatzverkauf zu erkennen und zu nutzen:

- Nach der Vereinbarung, wenn alle Fragen geklärt sind.
- Bei der Analyse des Kundenwunsches stellen Sie dem Kunden gezielte Fragen. Sie laden ihn ein, das Verkaufsgespräch mitzugestalten, bauen Vertrauen auf und wecken sein Interesse. Zum Beispiel: „Welche Serviceleistungen sind Ihnen besonders wichtig?"

> ***Übung: Cross- und Up-Selling***
> *Überlegen Sie, mit welchen zusätzlichen Fragen Sie das Interesse Ihres Kunden für Cross- bzw. Up-Selling gewinnen können.*

Tipps

- Erweitern Sie Ihren Blickwinkel, versetzen Sie sich in die Lage des Kunden. Überlegen Sie, was er zusätzlich brauchen könnte, und trauen Sie sich zu fragen. Wenn Sie selbstbewusst, mit Freude und Engagement bei der Sache sind, merkt das Ihr Gesprächspartner. Denken Sie daran: Der Kunde hat immer die Möglichkeit, Nein zu sagen.

> ***So steigen Sie in Cross-Selling ein***
> - *„Kennen Sie schon …?"*
> - *„Zu Produkt X kaufen viele unserer Kunden gerne …"*
> - *„Eine ideale Ergänzung zu … ist …"*

- Vermeiden Sie Fragen wie: „Ist das alles?", „Sonst noch was?", „Darf es ein bisschen mehr sein?"
- Geben Sie geschickte Hinweise auf Nebenartikel, die mit dem Hauptartikel kombiniert werden können.
- Achten Sie darauf, dass Sie vorhandene, noch nicht formulierte Bedürfnisse wecken und erfüllen.
- Erst Zusatzverkäufe zeigen, ob Sie ein engagierter Berater/ Verkäufer sind. Ein Berater, der sich über den Bedarf des Kunden Gedanken macht, wird auch, ohne aufdringlich zu sein, dem Kunden zusätzliche Möglichkeiten aufzeigen.
- Zusatzverkäufe sind in jeder Branche möglich.
- Zusatzverkäufe erhöhen den Umsatz und binden durch eine erstklassige, bedarfsorientierte Beratung den Kunden stärker an das Unternehmen.
- Denken Sie nicht nur an den kurzfristigen Nutzen, sondern an eine langfristige Kundenbeziehung.
- Streben Sie eine Win-win-Situation an.

Erfolgreicher Umgang mit Reklamationen

Sie haben keinen Einfluss darauf,
was Ihnen andere am Telefon erzählen.
Aber Sie können bestimmen,
wie Sie darauf reagieren.

Reklamation/Beschwerde

Unter „Reklamation" oder „Beschwerde" verstehen wir eine negative Äußerung von Kunden, Lieferanten oder anderen Geschäftspartnern bzgl. Produkt, Dienstleistung, Unternehmen oder Mitarbeiter.

Die Mehrzahl der Reklamationen kommt telefonisch auf uns zu. Der Umgang mit Reklamationen wird oft als unangenehme und zeitaufwändige Aufgabe gesehen, denn nicht selten geschieht es, dass die Reklamierenden sehr emotional reagieren und möglicherweise sogar die Grenzen des Anstands überschreiten.

Im Rahmen der Qualitätssicherung werden in vielen Unternehmen Reklamationsstatistiken geführt. Überprüfen Sie für sich selbst die unten stehenden Fragen. Vielleicht können Sie damit einen wesentlichen Beitrag zur Verbesserung der Qualität leisten. Sie können sich aber auf jeden Fall selbst Informationen und gezielte Unterstützung im Unternehmen holen, um noch kompetenter zu werden.

Übung: Persönliche Reklamationsstatistik

- *Wie oft werden Sie pro Woche mit Reklamationen konfrontiert (persönlich, telefonisch, schriftlich)?*
- *Wie verhalten sich „Ihre“ reklamierenden Kunden im Allgemeinen?*
- *Auf welche Punkte/Themen beziehen sich die meisten Beschwerden?*
- *Wo sehen Sie bei sich Schwächen im Umgang mit Reklamationen?*
- *Wo sehen Sie bei sich Stärken im Umgang mit Reklamationen?*

Jeder Einwand, jede Reklamation bietet die Möglichkeit zu einer positiven Reaktion. Voraussetzung ist allerdings, dass Sie die *Reklamation als Chance* verstehen. Mit viel Aufwand an Zeit und Geld versuchen Unternehmen, neue Kunden zu gewinnen. Viel günstiger und leichter hingegen ist es, bestehende Kunden davon zu überzeugen zu bleiben.

Die Qualität eines Unternehmens ist u.a. daran erkennbar, wie Reklamationen behandelt werden. Reklamationen sind ein Geschenk, ein Feedback. Reklamierende geben wertvolle Tipps, wie Sie und Ihr Unternehmen in Zukunft Fehler vermeiden und noch kundenorientierter und besser agieren können.

Reklamation als Chance

Aus Reklamationen kann ein Unternehmen viel lernen:

- Erkennen bisher verborgener Fehler, die zu weiteren Beanstandungen führen könnten,
- Erkenntnisse über die Verbesserung eines Produkts, einer Dienstleistung etc.,
- Erfassung besonderer Kundenprobleme, die bis dahin unbekannt waren,
- Erweiterung des Wissens über den Markt,
- Informationen über Kundenmotive, Verbrauchergewohnheiten,
- Gelegenheit, den Kunden zu informieren und wieder zufriedenzustellen,
- Erlangen von mehr Vertrauen seitens des Kunden,
- Weiterbestehen und Intensivieren der Beziehung zwischen Kunde und Unternehmen.

Ein gutes Beschwerdemanagement legt fest, wie das Unternehmen reklamierenden Kunden begegnet und wie Mitarbeiter Kunden zufriedenstellen können. Manche Reklamationsgründe wiederholen sich. Die Lösung muss nicht jedes Mal neu erfunden werden. Obwohl Unternehmen um die

Notwendigkeit eines Beschwerdemanagements wissen, ist der strukturierte Umgang mit Einwänden oft nur unzureichend oder gar nicht vorhanden.

Der Umgang mit Reklamationen ist für viele Mitarbeiter in erster Linie ein Problem der emotionalen Beziehungen, da viele Reklamierende ungehalten, unfreundlich, eben emotional reagieren. Der Umgang mit Reklamationen wird zu einem lösbaren, kundenfreundlichen, Image erhaltenden Vorgang, wenn Sie sich in die Lage des Kunden versetzen und versuchen, seine Motive zu verstehen. Der Kunde zieht nicht immer sofort in Richtung Mitbewerber. Er versucht meist noch einmal, sein Anliegen bei Ihnen zu formulieren, in der Hoffnung, das Produkt oder die Leistung, die er zuvor bei Ihnen bezogen hat, jetzt in der ursprünglich gewünschten Form zu erhalten.

Für manche Kunden ist es leichter zu wechseln als zu reklamieren. Diese Gruppe der *Schweiger* richtet einen großen Schaden an. Sie informiert das Unternehmen nicht direkt, sondern betreibt Negativpropaganda. Erfahrungsgemäß sprechen diese Kunden mit bis zu zehn weiteren Personen über ihre schlechten Erfahrungen. Die Schweiger stellen somit eine gefährliche Dunkelziffer für jedes Unternehmen dar.

Sie sollten sich daher alleine schon aus diesem Grund über „reizende Gesprächspartner" freuen, denn sie geben Ihnen direkt die Chance, sich mit der Reklamation aktiv auseinanderzusetzen.

In den meisten Fällen will der Kunde keine Entschuldigung, sondern eine schnelle und kulante Lösung seines Problems/seiner Beanstandung.

Die „richtige" Einstellung für Sie als Mitarbeiter

> ***Übung: Rollentausch – Sie als Kunde***
> *Versetzen Sie sich in die Lage des Kunden. Betrachten Sie die Sachlage aus seinem Blickwinkel.*
>
> *Was bzw. wie denken Sie dann über die Reklamation? Die Wahrscheinlichkeit ist sehr hoch, dass Sie sich in Zukunft verständnisvoller gegenüber Reklamierenden verhalten.*

Kundenzufriedenheit entscheidet sich in der Stunde der Wahrheit. Nicht die Reklamation ist das Problem, sondern die Erledigung. So wie die Kunden einzeln verlorengegangen sind, müssen sie einzeln zurückgewonnen werden. Kundenzufriedenheit hängt von vielen Faktoren ab – vor allem aber von Menschen.

Als verantwortungsvoller Mitarbeiter wollen Sie Ihren Kunden behalten. Sie wollen, dass Ihr Kunde weiter positiv von Ihnen und Ihrem Unternehmen spricht. Sie wollen Aufwand und Ertrag der Reklamationserledigung in ein sinnvolles Verhältnis bringen und Fehler und Unzulänglichkeiten künftig vermeiden.

Folgende Sätze helfen Ihnen, eine verantwortungsvolle, positive und gelassene Einstellung zu Reklamationen zu finden:

- Ich vertrete das Unternehmen, für das ich tätig bin und somit alle anderen Mitarbeiter/Kollegen.
- Ich identifiziere mich mit dem Unternehmen und allen Fehlern, die vorkommen.
- Ich nehme den Kunden, seine Themen und Probleme ernst.
- Alles, was der Kunde sagt, betrifft nicht unbedingt mich persönlich, sondern das gesamte Unternehmen.

- Ich will den Kunden nicht besiegen, sondern entwaffnen.
- Ich telefoniere mit unterschiedlichen Menschen in unterschiedlichen Stimmungslagen. Professionell ist, auch „reizenden" Kunden stets kundenorientiert und freundlich zu begegnen.
- Ich lasse mich von der schlechten Stimmung eines verärgerten Kunden nicht anstecken. Ich behalte meine positive Grundhaltung bei.
- Ich reflektiere mein Gespräch und stimme mich nach heiklen Situationen wieder positiv.

So führen Sie ein Reklamationsgespräch

„Gott gebe mir die Gelassenheit, Dinge hinzunehmen, die ich nicht ändern kann, den Mut, Dinge zu ändern, die ich ändern kann, und die Weisheit, das eine von dem anderen zu unterscheiden."

(Reinhold Niebuhr)

- *Begrüßen Sie Ihren impulsiven Gesprächspartner freundlich und ruhig.* Wenn Sie selbst ruhig sind, signalisieren Sie, dass Sie die Situation aufgrund Ihrer Kompetenz und Erfahrung im Griff haben.
- *Nehmen Sie die Reklamation ernst.* Zeigen Sie Einfühlungsvermögen für Ihren Kunden und drücken Sie Verständnis für seinen Unmut aus. Kundenorientiert zu handeln heißt auch, zu überlegen, wie man angemessen reagieren kann, indem man zum Beispiel nur zusagt, was man auch halten kann, und letztendlich den Kunden berät und nicht belehrt.

- *Führen Sie Reklamationsgespräche nicht in Gegenwart anderer Kunden.*
- *Konzentrieren Sie sich auf den Kunden.* Hören Sie dem Kunden aktiv zu, lassen Sie ihn ausreden. Machen Sie es ihm leicht, seine Beschwerden zu formulieren. Nur Reklamationen, die Sie hören, können Sie auch lösen. Lassen Sie sich nicht zu einer direkten Widerrede oder Gegenbehauptung hinreißen.
- *Bleiben Sie offen,* indem Sie sich selbst und Ihren Gesprächspartner so akzeptieren, wie Sie beide in diesem Moment sind. Schieben Sie die Schuld nicht auf andere Abteilungen und sprechen Sie nicht schlecht über Ihre Kollegen.
- *Verhalten Sie sich anders, als erwartet wird.* Der Kunde rechnet aufgrund seiner Erfahrungen in vielen Fällen mit einer Abwehrhaltung und Rechtfertigungen von Ihnen. Es geht nicht darum, wer Recht hat. Wer in Gewinnerkategorien denkt, hat schon verloren – und zwar den Kunden. Wenn Sie sich anders als erwartet verhalten, verunsichern Sie unbewusst Ihren Gesprächspartner. Sie zeigen Stärke. Gewinnen Sie Ihre Kunden, indem Sie dafür sorgen, dass Ihre Kunden gewinnen.
- *Stellen Sie Fragen.* Vermeiden Sie Sofortdiagnosen, Vermutungen etc. Fragen Sie zum Beispiel: „Wann ist der Defekt das erste Mal aufgetreten?", „Womit genau sind Sie nicht einverstanden?"
- *Nehmen Sie nicht alles persönlich.* Aufgebrachte Menschen neigen generell zu Übertreibungen und Schwarzweiß-Denken. Hier geht es darum, bei persönlichen Angriffen oder Einwänden nicht die negative Wortwahl zu

übernehmen, sondern den sachlichen Aspekt herauszufiltern und diesen zu wiederholen. Falls Ihrem Gesprächspartner eine übermäßig harte Formulierung herausrutscht, bleiben Sie dennoch gelassen. Sie können jedoch Ihrer Verwunderung Ausdruck verleihen: „Ich bin mir nicht sicher, ob ich Sie richtig verstanden habe. Erklären Sie mir bitte, wie ich das verstehen darf?" Durch Ihre Aufforderung zur Wiederholung muss der andere über das Gesagte nachdenken. Erfahrungsgemäß findet er beim zweiten Mal andere und wahrscheinlich auch mildere Worte.

- *Gewinnen Sie Zeit.* Sichern Sie dem Kunden zu, dass Sie sich sofort um die Sache kümmern. Wie es auf einem Schiff einen Rettungsring gibt, gibt es in der verbalen Kommunikation einen Rettungssatz: „Ich notiere mir das und rufe Sie gerne in der nächsten halben Stunde zurück." Definieren und terminieren Sie klar die nächsten Schritte.
- *Unerfüllbare Kundenwünsche.* In diesem Fall unterbreiten Sie dem Kunden rechtzeitig eine Teillösung oder ein Alternativangebot.
- *Kommen Sie dem Kunden zuvor.* Wenn Ihnen oder Ihrem Unternehmen ein Fehler unterlaufen ist und Sie entdecken das rechtzeitig, verständigen Sie Ihren Kunden sofort.
- *Lassen Sie das Gespräch positiv ausklingen.* Bedanken Sie sich für die Informationen und Anregungen und empfehlen Sie sich als Ansprechpartner.

- *Behalten Sie den Überblick.* Führen Sie eine persönliche Statistik: Anzahl, Art, Inhalt und Ergebnis/Erledigung der Reklamation.

Auf den Punkt gebracht

Ein Telefonprofi betrachtet auch den unangenehmsten Anrufer als Menschen, für den er gerne Ansprechpartner ist. Eine Reklamation ist die Chance, einem Kunden zu helfen und ihm eine professionelle Lösung anzubieten, durch die er zufriedengestellt ist. Ein zufriedener Kunde ist ein glücklicher Kunde, der Ihrem Unternehmen weiterhin treu bleibt.

Erfolgsfaktor 9: Der Telefonarbeitsplatz

Der Arbeitsplatz – ein Wohlfühlplatz

Wenn Sie sich wohlfühlen, ist das eine gute Voraussetzung, um kundenorientiert und produktiv arbeiten zu können. Denken Sie an Farben, Licht und Pflanzen, um ein harmonisches, förderliches Klima entstehen zu lassen. Die Atmosphäre Ihrer Umgebung überträgt sich auf Sie und Ihre Stimmung.

Deshalb sollten Sie alles daransetzen, um aus Ihrem Arbeitsplatz einen „Wohlfühlplatz" zu schaffen.

Hier noch einige Tipps zur ergonomischen Gestaltung Ihres Arbeitsplatzes:

Sitzposition

- Arme und Beine sollen im Sitzen einen rechten Winkel bilden.
- Die Höhe des Tisches sollte so sein, dass sich die Ellenbogen bei aufrechtem Oberkörper und entspannten Schultern in Höhe der Tischplatte befinden oder knapp darunter.
- Stellen Sie beide Füße auf den Boden.
- Ändern Sie ab und zu Ihre Sitzposition und stehen Sie zwischendurch auf.

Telefon

- Lassen Sie unbedingt Ihre Telefonnummer anzeigen.
- Schalten Sie Ihr privates Handy auf lautlos.

Headset

Es ist empfehlenswert, mit einem Headset zu telefonieren. Headsets sind kein Luxus, sondern eine optimale Lösung für alle, die viel telefonieren und gleichzeitig den Computer bedienen. Die Vorteile durch ein Headset liegen klar auf der Hand:

- Freie Arme und Hände ermöglichen den Einsatz von Gestik, wodurch Sie Ihrer Stimme mehr Lebendigkeit im Ausdruck und in der Klangfarbe verleihen.
- Weniger Nacken- und Rückenschmerzen.
- Erhöhte Konzentration und Produktivität.

Griffdistanzen

- Wo steht Ihr Telefon? Telefonieren Sie beispielsweise mit der linken Hand und dem linken Ohr, dann sollte auch das Telefon eher links stehen.
- Schreibmaterial (Block, Stift und Kalender) soll griffbereit sein.
- Achten Sie auf Ordnung auf dem Schreibtisch, in Laden und Regalen.

Bildschirmeinstellung

- Stellen Sie den Bildschirm so vor sich auf, dass Sie den Kopf gerade halten können.
- Der Bildschirm soll senkrecht oder leicht nach hinten geneigt sein.
- Die Augenhöhe liegt in der Höhe des oberen Bildschirmrandes oder leicht darüber.
- Der Abstand zwischen Augen und Bildschirm soll ca. 60 bis 80 cm betragen.
- Achten Sie darauf, dass keine spiegelnden Lichtquellen (Lampe, Fenster) auf den Bildschirm treffen.
- Reinigen Sie den Bildschirm regelmäßig.

Geräuschkulisse

- Sprechen Sie nicht zu laut, wenn andere Mitarbeiter im Raum sind.
- Sorgen Sie dafür, dass sich auch hereinkommende Mitarbeiter leise verhalten.
- Überprüfen Sie die Position des Mikrofons bei Ihrem Telefonhörer/Headset, damit Ihre Stimme optimal übertragen wird.
- Verzichten Sie auf Musik.

Voicebox/Mobilbox/Anrufbeantworter

Jederzeit erreichbar, egal wo Sie sind. Die Voicebox ist Ihr individueller, die Mobilbox Ihr mobiler Anrufbeantworter. Das Gerät sollte eine Mindestaufnahmekapazität von zehn

Minuten haben, ein Anrufer sollte zwei Minuten lang sprechen können.

Idealerweise sollte der Anrufer in einem Unternehmen während der Arbeitszeit mit einem Mitarbeiter verbunden werden und nicht mit einer Sprachbox.

Hier noch ein paar Tipps:

- Stellen Sie Ihre Telefonanlage so ein, dass sich nach dem zweiten Läuten idealerweise ein Mitarbeiter oder automatisch ein Anrufbeantworter meldet. Die Wartedauer sollte höchstens fünf Sekunden betragen.
- Bei Verlassen des Arbeitsplatzes leiten Sie Ihr Telefon auf einen ausgewählten Kollegen in der Abteilung oder in der Telefonzentrale um. Denken Sie daran, diese Person zu informieren.
- Verbinden Sie Gespräche erst, wenn Sie wissen, wen der Anrufer sprechen will und worum es geht.
- Unternehmen mit Serviceabteilungen sollten den Anrufer nicht warten lassen. Denn je schneller sich ein Gesprächspartner meldet, desto mehr gewinnt das Unternehmen in den Augen des Kunden.
- Aktivieren Sie Anrufbeantworter oder Voicebox für die Zeit nach Geschäfts- und Dienstschluss.
- Leiten Sie das Festnetztelefon auf Ihr Handy oder eine andere Telefonnummer um.

- Hören Sie mindestens einmal am Tag den Anrufbeantworter oder die Voicebox ab.
- Halten Sie die Texte auf Ihrer Voicebox/Ihrem Anrufbeantworter aktuell.
- Sprechen Sie den Text auf Band professionell.
- Wenn Sie jemanden anrufen und nicht erreichen, geben Sie Ihren Namen, Firmenwortlaut und die Telefonnummer bekannt.

Der bewusste Umgang mit dem Smartphone

Das Smartphone ist zum Lebensmittelpunkt geworden – beruflich und privat. Die unzähligen Funktionen, die im Alltag sinnvoll erscheinen und eindeutige Vorteile mit sich bringen, sprechen für das Smartphone. Und dennoch stellt es unsere Vorstellungen von respektvollem Verhalten immer wieder auf die Probe.

Überall sehen wir Menschen, die gebannt auf ihr Smartphone starren. Wir kennen die typische Haltung „mit dem Kopf zum Display" – gehend, sitzend, liegend, nicht nur im Büro, sondern auch in der Schule, auf der Straße, ja sogar bei Tisch.

Stellen Sie sich folgende Fragen:

- Wofür nutzen Sie Ihr Smartphone?
- Wie oft haben Sie pro Tag Ihr Smartphone tatsächlich in Verwendung (beruflich/privat)?
- Wie oft schauen Sie am Tag auf das Display?

- Gibt es bei Ihnen Smartphone-freie Zonen und Zeiten?
- Wann stellen Sie Ihr Smartphone lautlos?
- Gibt es Situationen/Zeiten in denen Sie das Smartphone ganz abschalten (Arztpraxis, Krankenhaus, Flugzeug, in der Nacht)?
- Wie geht es Ihrem Nacken- und Schulterbereich?
- In wieweit sind Sie ein Vorbild im Umgang mit dem Smartphone innerhalb des Unternehmens und privat?

Jede Funktion des Smartphones (Telefonate, E-Mails, Textnachrichten, WhatsApp) hat durchaus seine Berechtigung, aber alles zu seiner Zeit. Denken Sie daran, dass Telefonate die Qualität der Kommunikation durch einen direkten, unmittelbaren Dialog erhöhen. Achten Sie auf den Ort für das Gespräch, denn es sind nicht alle Informationen für andere Ohren bestimmt.

Die Kommunikationskultur im Unternehmen sollte in Zukunft auch den respektvollen Einsatz des Smartphones regeln. Ein bewusster Umgang mit dem Smartphone kann es wieder zu dem machen, was es eigentlich ist: ein sinnvoller, zweckmäßiger Helfer im Alltag.

Mehr Wohlbefinden beim Telefonieren

Sie kommen ins Büro, das Telefon klingelt, die Kollegen bombardieren Sie mit Fragen und Problemen, auf Ihrem Schreibtisch häufen sich unerledigte Aufgaben. Sofort fühlen Sie sich genervt, überfordert und wissen nicht, was Sie zuerst tun sollen. Ihre ursprünglich gute Laune ist verflogen.

Schenken Sie sich auch im Rahmen eines Arbeitstages selbst mehr Aufmerksamkeit. Sie wissen ja jetzt: Wenn es Ihnen gutgeht, geht es automatisch auch Ihrem Gesprächspartner am Telefon gut. Ihre Gedanken, Gefühle, Worte und Handlungen übertragen sich prompt auf Ihren Gesprächspartner – bewusst oder unbewusst.

Um in Einklang mit sich zu kommen, damit Sie sich fitter fühlen und gelassener am Telefon agieren können, finden Sie im Anschluss einige Tipps und Übungen.

Wenn Sie die Tipps umsetzen und die Übungen durchführen, bauen Sie Energie in Ihrem Körper auf, bringen Sauerstoff ins Gehirn und arbeiten an Ihrer Präsenz. Positive Stimmung und Leistungsmotivation werden gefördert.

Trinken Sie ausreichend, am besten Leitungswasser

Wenn in der Arbeit viel los ist, vergessen wir mitunter, ausreichend zu trinken. Der menschliche Körper besteht aber zu zwei Dritteln aus Wasser. Das Wassertrinken verbessert unsere geistige und körperliche Konzentration.

Übung: Lächeln/Lachen

Beginnen Sie den Tag mit einem Lächeln. Lächeln Sie eine Minute lang Ihr Spiegelbild an. Während des Tages wiederholen Sie diese Übung mit einem kleinen Spiegel an Ihrem Arbeitsplatz oder suchen Sie sich einen Grund, zwischendurch zu lachen. Statt Stresshormone werden Glückshormone ausgeschüttet.

Übung: Neue Energie und Kraft tanken

Gerade in hektischen Zeiten ist es wichtig, sich zwischendurch körperlich und mental zu entspannen. Setzen Sie sich aufrecht auf Ihren Stuhl, lehnen Sie sich gut an, schließen Sie Ihre Augen, atmen Sie bewusst ein und aus. Stellen Sie sich einen für Sie idealen Ort der Ruhe vor. Lassen Sie Ihrer Fantasie freien Lauf. Vielleicht befinden Sie sich an einem Platz in Ihrem Garten, in den Bergen, auf einer wunderschönen Insel oder denken Sie an einen schönen Augenblick. Halten Sie diesen Fokus einige Atemzüge lang und kehren Sie dann wieder in die Realität zurück. Strecken, räkeln, dehnen Sie sich, bevor Sie sich der nächsten Tätigkeit zuwenden. Denken Sie daran: Nur Sie kennen Ihren besonderen Ort der Ruhe. Sie können jederzeit wieder an diesen Ort reisen. Er gehört nur Ihnen. Genießen Sie ihn mit all Ihren Sinnen!

Übung: Aussteigen aus fremden Ereignissen frei nach N. und W. Koroljov

Das Aussteigen aus fremden Ereignissen, Gedanken, Gefühlen, Emotionen etc. ist in unserer Zeit eine der wichtigsten Übungen. Wie „eigenständig" sind wir noch? Wie frei sind unsere Vorhaben? Zu wie viel Prozent sind diese von den Meinungen anderer abhängig?

Wir stellen uns einen Fluss vor. Wir steigen in diesen hinein, genießen das Wasser und merken plötzlich, dass es gar nicht so gemütlich ist und der Fluss immer reißender wird. Und wir merken, wie viele „fremde Ereignisse", die mit uns gar nichts zu tun haben, hier mitschwimmen und uns mitreißen wollen.

Wir schwimmen ans andere Ufer, entsteigen bewusst dem Fluss und begeben uns auf eine kleine Uferböschung. Wir lassen uns dort nieder und beobachten den Fluss, mit all den Dingen, die darin schwimmen. Sie schwimmen weiter. Sie sind nicht mit uns ans Ufer gegangen. Sie schwimmen einfach weiter. Wir haben den Fluss bewusst mit all den fremden Ereignissen verlassen und sind wieder in der Lage, unsere eigenen Gedanken und Gefühle zu erkennen und unseren eigenen Weg zu gehen.

Einige Übungen aus der Kinesiologie:

Übung: Ohrenmassage

Massieren Sie Ihre Ohren sanft von oben nach unten und wieder nach oben. Streichen Sie Ihre Ohren von innen nach außen aus. Sie können Ihre Ohrläppchen auch ein bisschen nach unten ziehen. Diese Übung fokussiert auf positive Art und Weise die Aufmerksamkeit, da sämtliche Akupunkturpunkte aktiviert werden.

Übung: Überkreuzbewegungen

Stehen Sie aufrecht und locker in hüftbreitem Stand, Knie sind leicht gebeugt, Schultern sind entspannt, schauen Sie geradeaus. Nun das rechte Knie anheben und mit der linken Hand die Oberschenkelaußenseite berühren. Wichtig: Der Schultergürtel dreht sich, der Kopf bleibt ruhig. Abwechselnd rechts und links, einige Male wiederholen. Die Überkreuzbewegung bringt Sie in Schwung, denn sie aktiviert die beiden Gehirnhemisphären gleichzeitig.

Übung: Nackenrollen

Die Augen sind bei dieser Übung geschlossen, der Kopf ist nach vorne geneigt und wird durch leichtes Rollen vor dem Körper sanft hin und her bewegt. Das Nackenrollen entspannt Hals- und Nackenmuskulatur. Ihre Stimme bleibt auch nach längerem Telefonieren klangvoll.

Übung: Wecken der Lebensgeister

Klopfen Sie sich abwechselnd auf die linke und die rechte Schulter. Beginnen Sie dann den linken Arm auf der Innenseite von der Schulter bis zu den Fingerspitzen mit der flachen Hand abzuklopfen. Drehen Sie den Arm um und klopfen Sie die Außenseite wieder hinauf bis zur Schulter. Dann sind der rechte Arm und die rechte Schulter an der Reihe.

Klopfen Sie mit den Fingerkuppen beider Hände links und rechts vom Mittelscheitel einige Male auf den Schädel, weiter über Hinterkopf, Hals, Nacken und dann mit beiden Handinnenflächen entlang der Außenseite des Körpers über Gesäß, Ober- und Unterschenkel bis zu den Zehen. Die Innenseite der beiden Beine wieder hinauf und vom Bauch weiter hoch, bis die Übung am oberen Teil des Brustbeins mit einem Trommeln endet. Die Übung ein- bis zweimal wiederholen.

Übung: Koordination von Atem und Körperbewegung nach Hilde Langer-Rühl

Stellen Sie sich gerade hin und lassen Sie die Arme nach unten hängen. Mit dem Einatmen führen Sie einen Arm langsam vor dem Körper nach oben. Zum Ende des Ein-

atmens ist der Arm nach oben gestreckt. Nun durch eine sehr kleine Mundöffnung auf „f" den Atem ausströmen lassen und dabei den gestreckten Arm langsam und gleichmäßig abwärts führen.

Es geht um die Koordination von Atem und Körperbewegung. Im Laufe der Zeit kann die Bewegung verlangsamt werden. Dadurch ergibt sich in erster Linie eine Verlängerung des Ausatmens.

Während der Arm sich langsam abwärts bewegt, achten Sie darauf, dass keine Bewegungssprünge entstehen, denn Sprünge in der Armbewegung bedeuten Sprünge in der Bewegung des Zwerchfells. Führen Sie die Übung zweimal mit dem rechten und zweimal mit dem linken Arm durch.

Anschließend den kompletten Bewegungsablauf mit beiden Armen gleichzeitig ausführen. Beim Auf- und Abwärtsführen der Arme achten Sie darauf, dass beide Arme in der Bewegung immer gleich weit sind. Sie kommen im selben Moment ganz oben und ganz unten an.

Übung: Schulterkreisen nach Hilde Langer-Rühl

Mit dem Einatmen bewegt sich eine Schulter im Halbkreis nach vorne und oben. Zum Ende des Einatmens erreicht sie den höchsten Punkt. Den Kopf halten Sie gerade. Mit dem Ausatmen die Schulter zuerst soweit wie möglich nach hinten und anschließend im Halbkreis abwärts führen. Zum Ende des Ausatmens erreicht die Schulter ihren tiefsten Bewegungspunkt. Führen Sie einige Kreisbewegungen hintereinander und ohne Unterbrechung durch. Dann wechseln Sie die Schulter.

Auf den Punkt gebracht

Die ergonomisch richtige Einrichtung Ihres Telefonarbeitsplatzes erleichtert Ihnen den Alltag enorm: Sie fühlen sich wohl und können telefonieren, ohne dass sich durch eine ungünstige Haltung Ihre Muskeln verspannen. Nutzen Sie unbedingt auch technische Hilfsmittel wie ein Headset. Wenn Sie an Ihrem Arbeitsplatz dann noch einen Blumenstrauß oder ein schönes Foto aufstellen, über das Sie sich jedes Mal freuen, wenn Sie es betrachten, dürfte Ihrem Wohlbefinden – und Ihrem Erfolg beim Telefonieren – nichts mehr im Wege stehen.

Reflexion

Jetzt geht es darum, innezuhalten und sich einzelne Situationen am Telefon noch einmal bewusst zu machen.

Wie wir eine Situation betrachten, hängt von unserer momentanen Stimmung ab und hat mit unseren Vorstellungen, Idealen, Werten und Ansprüchen zu tun.

Mit einer Reflexion können wir durch das Betrachten unterschiedlicher Perspektiven folgende Ziele erreichen:

- das eigene Verhalten kritisch beleuchten,
- Rückmeldung erhalten,
- Erlebnisse bewusst verarbeiten,
- zwischen Inhalt und Beziehung unterscheiden,
- Erfahrungen nachhaltig sichern.

Reflexionsebenen

Ich: Die kritische Betrachtung der eigenen Person.

- Wie habe ich mich in der Situation verhalten/gefühlt?
- Was waren meine Stärken/Schwächen?

Kunde: Hier geht es um die Zusammenarbeit.

- Wie hat sich der Gesprächspartner verhalten?
- Wie haben Sie den Gesprächspartner wahrgenommen?

Sache/Thema: Diese Ebene deckt Ziele, Inhalte, Vorgehensweisen, Methoden etc. ab.

- Wie ist der Inhalt des Gesagten beim Gesprächspartner angekommen?

Monitoring

„Es ist durchaus nicht dasselbe,
die Wahrheit über sich zu wissen oder
sie von anderen hören zu müssen."

(Aldous Huxley)

Selbstreflexion

Die folgende Übung ist empfehlenswert für ein von Ihnen aufgezeichnetes Telefongespräch bzw. für ein aktuelles, gerade geführtes Telefonat:

Übung: Kurzresümee nach jedem Telefonat

- *Was wollte ich erreichen und was habe ich tatsächlich erreicht?*
- *Was denke/fühle ich im Augenblick?*
- *Was ist gut gegangen und warum?*
- *Was ging weniger gut und warum?*
- *Was sind meine persönlichen Lernerfahrungen?*
- *Was mache ich beim nächsten Gespräch anders?*

Fremdreflexion – lassen Sie sich Feedback geben

Feedback ist eine Form von Reflexion mit besonderer Qualität, da sie den speziellen Vergleich von Selbst- und Fremdwahrnehmung ermöglicht.

Nicht immer entspricht das Bild, das wir von uns selbst haben, dem Bild, das Außenstehende von uns haben. Basis für jedes Selbst- bzw. Fremdbild ist die Wahrnehmung. Sie ist geprägt durch den ersten Eindruck, das Verhalten, die Beobachtung der Kommunikation der anderen Person und durch Informationen von anderen. Grundsätzlich ist die Kommunikation besser, wenn sich Selbst- und Fremdbild decken.

Mitunter haben wir in unserem Leben die Erfahrung gemacht, dass Rückmeldungen oft ausschließlich negative und destruktive Kritik beinhalten. Deshalb sind wir als Erwachsene vorsichtig und misstrauisch geworden. Für viele von uns ist es ungewohnt zu hören, wie wir auf andere wirken.

Feedback ist immer subjektiv. Es werden keine objektiven Tatsachen beschrieben, sondern die persönliche Wahrnehmung. Es ist daher notwendig, beim Geben und Empfangen von Feedback uns selbst und unseren Gesprächspartnern Wertschätzung und Respekt entgegenzubringen. Lassen Sie sich von mehreren vertrauten Personen Feedback geben, um sich ein aufschlussreiches Bild von sich selbst machen zu können.

Der Feedback-Empfänger erhält die Möglichkeit einer bewussten Steuerung seines Kommunikationsverhaltens.

Das Feedback unterstützt dabei, den stimmlichen und sprachlichen Ausdruck zu verbessern und zu überzeugen.

Checklisten

Was hindert mich daran, noch professioneller am Telefon zu sein

- Ich telefoniere nicht gerne.
- Stress im Beruf belastet mich.
- Der Geräuschpegel im Büro ist zu hoch.
- Die Telefontechnik ist nicht zeitgemäß.
- Ich muss zu viele Telefonate führen.
- Ich lasse mich zu sehr von meiner momentanen Stimmung beeinflussen.
- Die Gesprächssituationen bei eingehenden Gesprächen sind oft zu überraschend.
- Ich habe zu wenige Informationen, fühle ich mich daher unsicher.
- Ich muss zusätzliche Telefongespräche übernehmen.
- Ich habe zu wenig Zeit für meine Telefongespräche.
- Sonstiges:

Wie wirkt meine Stimme

interessiert	3 2 1 0 1 2 3	desinteressiert
freundlich	3 2 1 0 1 2 3	unfreundlich
wertschätzend	3 2 1 0 1 2 3	geringschätzend
einfühlend	3 2 1 0 1 2 3	distanziert
gelassen/ruhig	3 2 1 0 1 2 3	nervös/unruhig
sachlich	3 2 1 0 1 2 3	emotional
konzentriert	3 2 1 0 1 2 3	unkonzentriert
selbstsicher	3 2 1 0 1 2 3	unsicher
optimistisch	3 2 1 0 1 2 3	pessimistisch
zielgerichtet	3 2 1 0 1 2 3	umständlich

Feedbackkriterien für mein Telefonat

	Sehr gut	gut	schlecht
Lächeln/Freundlichkeit			
Generelle Stimmung			
Körperhaltung			
Gesprächsaufbau			
Eröffnung			
Hauptteil			
Schluss			
Sprechweise			
Lautstärke			
Sprechtempo			
Sprachmelodie			
Pausen			
Störlaute			
Artikulation			
Sprache			
Formulierung			
Argumentation			
Fragetechnik			
Standardsprache			

Schritte zum professionellen Telefonieren

- *Der erste Eindruck ist entscheidend:* freundliche, deutliche Vorstellung.
- Schaffen Sie gleich zu Beginn ein *positives Gesprächsklima*.
- *Aktiv zuhören:* Hören Sie genau zu, was der andere sagt bzw. nicht sagt und wie er etwas sagt. Ihr Gesprächspartner sagt oft gleich zu Beginn die wichtigsten Dinge.
- *Gezielte Fragen stellen:* Versuchen Sie, so viele Informationen wie möglich zu bekommen.
- *Hintergründe entschlüsseln:* Finden Sie die zentralen Bedürfnisse des Gesprächspartners heraus.
- *Bestätigung einholen:* Überprüfen Sie, ob Sie die Hintergründe richtig erkannt haben.
- *Zusammenfassung:* Fassen Sie zusammen und klären Sie, ob der Gesprächspartner mit Ihren Vorschlägen einverstanden ist.
- *Zeit nehmen für positiven Gesprächsausstieg:* Beenden Sie das Gespräch positiv. Der letzte Eindruck bleibt in Erinnerung.

Das Thema der Woche

Lassen Sie Ihre Erkenntnisse aus diesem Buch im Alltag lebendig werden. Geben Sie jeder der kommenden Wochen ein Thema/ein Motto (Beispiele siehe unten). Denken Sie in der jeweiligen Woche darüber nach, arbeiten Sie damit und setzen es in die Tat um.

1. Woche	Freundlichkeit, ein Lächeln
2. Woche	Gesprächspartner beim Namen nennen
3. Woche	
4. Woche	
5. Woche	
6. Woche	Verständnis
7. Woche	Achte auf deine Gedanken
8. Woche	
9. Woche	
10. Woche	Geduld
11. Woche	
12. Woche	
13. Woche	
14. Woche	Sei ein Optimist

Übung macht den Meister

*„Lernen ist wie Rudern gegen den Strom.
Hört man damit auf, treibt man zurück."*

(Laotse)

Für mich gibt es eine Gewissheit: Wir können uns ändern, wenn wir wollen!

Wollen wir uns wirklich ändern, müssen wir Selbstdisziplin, Energie und Ausdauer aufwenden. Kontinuierliches Training ist unverzichtbar, um ein erreichtes Leistungsniveau zu halten und zu steigern. Je mehr Sie die neuen Impulse nutzen, desto kompetenter werden Sie. Die Umsetzung der Lerninhalte in die tägliche Praxis ist dabei das wichtigste Element meiner Trainingsphilosophie.

Suchen Sie sich einen guten Coach, der Sie auf Ihrem Weg begleitet. Wertschätzend und zielorientiert fördert er die eigenverantwortliche Lösungsfindung unter besonderer Berücksichtigung Ihrer individuellen Stärken und Schwächen. Wichtig ist es, Klarheit über den derzeitigen Status Quo (Standortbestimmung), über Ziele und Herzenswünsche zu gewinnen.

Gehen Sie mit sich selbst wertschätzend um, zeigen Sie Verständnis, machen Sie sich selbst Mut. Solange Sie Ihr Bestes geben, gibt es keinen Grund, mit sich selbst zu streng ins Gericht zu gehen.

Durch Coaching, Training-on-the-Job und Übung schaffen Sie es in (fast) allen Situationen am Telefon „einen guten

Draht" zu Ihrem Gesprächspartner aufzubauen und die richtigen Worte zur richtigen Zeit zu finden.

Für weitere Fragen können Sie mich gerne kontaktieren. Ich freue mich über Ihre Rückmeldungen und Erfahrungen aus der Praxis.

Viel Freude beim Telefonieren!

Andrea Hößl

„Sei du selbst die Veränderung,
die du dir für diese Welt
(deine Arbeit, deine Kommunikation)
wünscht."

(Mahatma Gandhi)

Die Autorin

Mag. Dr. Andrea Hößl ist Unternehmensberaterin, Trainerin und Coach für Telefonmarketing, erfolgreiche Kommunikation und Persönlichkeitsentfaltung.

Seit mehr als 30 Jahren hat sie es sich zum Ziel gemacht, die Kommunikations- und Telefonkultur in Unternehmen positiv zu gestalten und wieder mit Werten wie Wertschätzung, Respekt und Höflichkeit anzureichern.

Erfahren Sie mehr über sie und ihr Unternehmen unter: www.teleconsult.at oder + 43 676 3257880.

Überzeugendes Telefonieren und Kommunizieren ist immer gefragt!

Impressum

Verlag C. H. Beck im Internet: www.beck.de
ISBN Print: 978-3-406-75335-0
ISBN E-Book: 978-3-406-75336-7
© 2020 Verlag C. H. Beck oHG
Wilhelmstraße 9, 80801 München
Satz: abavo GmbH, Nebelhornstraße 8, 86807 Buchloe
Druck und Bindung: Beltz Bad Langensalza GmbH,
Am Fliegerhorst 8, 99947 Bad Langensalza
Umschlaggestaltung: Ralph Zimmermann – Bureau Parapluie
Umschlagbild: © Lenets_Tatsiana – depositphotos.com

vahlen.de/nachhaltig

Gedruckt auf säurefreiem, alterungsbeständigem Papier
(hergestellt aus chlorfrei gebleichtem Zellstoff)